胡铁军　李春义◎主编

人工养殖鹿肉的45种烹饪方法

科学普及出版社

·北　京·

图书在版编目（CIP）数据

人工养殖鹿肉的45种烹饪方法／胡铁军，李春义主编．
-- 北京：科学普及出版社，2022.6
ISBN 978-7-110-10434-7

Ⅰ.①人… Ⅱ.①胡… ②李… Ⅲ.①鹿－肉类－烹
饪 Ⅳ.① TS972.125.1

中国版本图书馆 CIP 数据核字（2022）第 065270 号

策划编辑	符晓静　王晓平
责任编辑	王晓平
封面设计	红杉林文化
正文设计	中文天地
责任校对	吕传新
责任印制	徐　飞

出　　版	科学普及出版社
发　　行	中国科学技术出版社有限公司发行部
地　　址	北京市海淀区中关村南大街 16 号
邮　　编	100081
发行电话	010-62173865
传　　真	010-62173081
网　　址	http://www.cspbooks.com.cn

开　　本	880mm×1230mm　1/32
字　　数	91 千字
印　　张	4.875
版　　次	2022 年 6 月第 1 版
印　　次	2022 年 6 月第 1 次印刷
印　　刷	北京博海升彩色印刷有限公司
书　　号	ISBN 978-7-110-10434-7 / TS·139
定　　价	49.80 元

前 言
PREFACE

吉林省是梅花鹿之乡，是我国梅花鹿的主要人工繁育基地。鹿全身都是药食两用的宝贵原料。鹿茸是传统的珍贵中药材，与人参齐名。梅花鹿产业是吉林省的特色产业。2020年5月29日，梅花鹿正式进入《国家畜禽遗传资源目录》。

本书主要介绍了以人工养殖鹿的不同部位为原料制作吉林鹿全宴（45道菜肴）。本书图文并茂、通俗易懂，从东北菜肴的特点出发，从鹿源食品营养和工艺入手，翔实地记录了吉林全鹿宴产品的制作工艺和营养价值。同时，本书还简明扼要地介绍了中国人工养殖鹿的发展历史和国内外人工养殖鹿产业的现状、鹿的品种、鹿产品原料及营养特点。

书中不同品种鹿的照片主要出自李春义教授多年在世界各地从事鹿的科学研究过程中拍摄的原图。吉林鹿全宴45道菜肴中的照片是由杨旭组织专业摄影人员在制作现场拍摄的原图。

以人工养殖鹿的不同部位为原料，加工制作多种具有东北地方特色菜肴的图书还不多见。由于编写时间和资料有限，不妥之处在所难免，希望广大读者提出宝贵意见。

长春科技学院生命科学学院院长、教授

2021 年 7 月 7 日

目 录
CONTETS

CHAPTER

第一章　鹿产品原料

一 ▌鹿 肉

来源 本品为人工养殖（下同）梅花鹿或马鹿的鲜肉或冷冻肉。

采收加工 四季均可采收。鹿被宰杀后，将其剥皮剔骨，除去大块脂肪，将肉按部位分割成肉块，洗去血污。鲜用或冷冻，用作制品加工的原料。

鹿肉分割

将鲜带骨鹿肉经剔骨、按部位分割成肉块。其主要分割部位如下。

（1）脖肉

脖肉即颈肉，是沿 1～7 颈椎上取下的净肉，包括颈斜方肌、臂头肌、胸头肌等。

（2）肩部肉

肩部肉是沿肩胛骨、肱骨取下的完整净肉，位于肩胛部，包括三头肌、三角肌、冈上肌、冈下肌等。

（3）腱子肉

腱子肉是位于鹿的前后小腿处的肉。鹿前腱位于前小腿处，包括腕桡侧伸肌、腕外侧屈肌等。鹿前腱子肉是从肱骨与桡骨结节处剥离桡骨、尺骨以后，取下的净肉。鹿后腱位于后小腿处，包括腓骨长肌、趾深屈肌、腓肠肌、胫骨前肌等。鹿后腱子肉是从胫骨与股骨结节处剥离胫骨以后取下的净肉。

（4）腹肉

腹肉是从后四分体的腹股沟浅淋巴结切至腹直肌，再沿髋廓，向前至某一肋骨处，沿肋弓切至腹侧缘而取下的净肉。

（5）肋排

肋排是从胸椎沿腹壁外侧 8～12cm 处平行胸椎切断，主要包括 1～13 肋部分，去除肋骨以后的净肉，位于胸腹部，包括肋间外肌、肋间内肌、腹外斜肌等。

（6）胸肉

胸肉是从胸骨柄沿着胸骨直至剑状软骨，去除胸骨、肋软骨后的净肉部分，位于胸部，包括胸深肌、胸浅肌。

（7）背腰肉

背腰肉是沿着第一胸椎处至倒数第一腰椎，沿着胸椎及腰椎的棘突与横突之间取出的净肉，包括背最长肌、肋间肌、斜方肌、背阔肌等。

（8）臀腰肉

臀腰肉是从腰椎腹侧和髂骨背侧剥离里脊肉，从腰间椎结合处切至坐骨淋巴结前端，再至腹肉腹侧，切除腰肉以后取出的净肉。

鹿肉成分

缪卓然对梅花鹿肉的化学成分进行了测定（表1-1~表1-3）。

表 1-1 鹿肉常规成分 （单位：%）

鹿 肉	水 分	干物质	粗灰分	粗脂肪	粗蛋白质
母鹿肉	74.10	25.23	4.53	6.02	85.92
公鹿肉	73.66	25.40	4.27	7.34	86.53

表 1-2 鹿肉中能量、胆固醇、总磷脂和维生素的含量

鹿肉分类	能量 /（MJ·kg^{-1}）	胆固醇 /（mg·g^{-1}）	总磷脂 /（mg·g^{-1}）	维生素 B$_1$/（mg·g^{-1}）	维生素 B$_2$/（mg·g^{-1}）
母鹿肉	22.04	1.47	0.0117	0.00819	0.02059
公鹿肉	22.36	1.35	0.0089	0.00633	0.01635

表 1-3　鹿肉中氨基酸　　　　（单位：%）

氨基酸	母鹿肉	公鹿肉	氨基酸	母鹿肉	公鹿肉	氨基酸	母鹿肉	公鹿肉
天门冬氨酸	8.87	8.66	精氨酸	4.87	4.93	赖氨酸	7.14	7.17
脯氨酸	3.30	3.33	苏氨酸	3.95	3.92	组氨酸	3.95	3.91
丝氨酸	3.26	3.36	缬氨酸	4.60	4.32	色氨酸	0.88	0.74
谷氨酸	11.70	12.18	酪氨酸	3.16	3.03	苯丙氨酸	3.17	3.57
甘氨酸	3.81	3.79	异亮氨酸	4.30	3.99	10 种必需氨基酸	43.26	41.97
丙氨酸	5.10	4.96	亮氨酸	7.20	6.90	7 种非必需氨基酸	39.20	39.31

营养价值

梅花鹿肉每 100g 含能量 477kJ、蛋白质 24.6g、脂肪 1.4g、总糖 0.4g、水分 72.2g、钾 323mg、钙 2mg、铁 3.0mg、锌 4.1mg、胆固醇 50mg、维生素 A 2μg、维生素 B_2 0.20mg、维生素 B_{12} 0.72μg。

马鹿肉每 100g 含能量 458kJ、蛋白质 22.6g、脂肪 1.8g、总糖 0.5g、水分 73.8g、钾 335mg、钙 2mg、铁 2.7mg、锌 3.9mg、胆固醇 45mg、维生素 A 1μg、维生素 B_2 0.19mg、维生素 B_{12} 0.96μg。

鹿肉的主要功能为补脾胃、益气血、助肾阳、填精髓、暖腰脊、补五脏、调血脉。谷物中的第一限制性氨基酸为赖氨酸，而鹿肉中的氨基酸含量较高。将鹿肉与谷物同食，可以很好地补充谷类中缺乏的营养。鹿肉还有高蛋白、低脂肪、低胆固醇的特点，不仅对人体的神经系统、血液循环系统都有良好的改善调节作用，还有养肝补血、降低胆固醇、防治心血管疾病、抗癌的功效，是天然的纯绿色食品。

二 | 其他原料

（一）鹿筋

来源 鹿筋为鹿科动物梅花鹿或马鹿四肢的筋。干燥的鹿筋呈细长条状，金黄或棕黄色，有光泽且透明。

采收加工 四季均可采收。

前肢筋：用刀挑开掌骨后侧的筋腱，向下挑至跗蹄下蹄踵部，跗蹄及种子骨留在筋上；接着沿筋槽向上挑至腕骨上端筋膜终止部切下。前侧的筋腱也从掌骨前腱与骨的中间挑开，向下于蹄冠部切断，向上剔至腕骨上端，沿筋膜终止部切下。

后肢筋：从跖骨与筋腱中间挑开至跗蹄，于蹄踵部切下，跗蹄与种子骨留在筋上，再沿筋槽向上通过跟骨挑至胫骨筋腱，于终止处切下。后肢前侧的筋腱剔取是从跖骨前与筋腱之间挑开至蹄冠以上，再向上剔至跖骨上端，到跗关节以上切开深厚的肌群，直至筋膜的终止处切下。

性状与成分 鹿筋的化学成分包括睾酮、雌二醇等激素，脯氨酸、甘氨酸等多种氨基酸，钠、铁、锰、锌等多种元素。

（二）鹿头肉

来源 本品为梅花鹿或马鹿的新鲜、冷冻或干燥的头肉。

采收加工 四季均可采收。鹿宰杀后，割下鹿头，剥开鹿头皮，剔取头肉，洗净，鲜用、冷冻或干燥后使用。

性状与成分 鹿头肉为小肌肉块，有纵切块、横切块和斜切块，呈块状或条状，长 5.0 ~ 12.0cm，宽 2.0 ~ 6.0cm，厚 1.0 ~ 3.0cm。表面呈棕褐色或棕黑色，可见肌纤维束。质轻，易撕碎。鲜品呈暗红色或红紫色，质柔韧，气腥膻，味微咸。

（三）鹿尾

来源 本品为梅花鹿或马鹿的新鲜或干燥尾部。

采收加工 四季均可采收。商品鹿尾分为毛鹿尾（带毛鹿尾）和光鹿尾（不带毛鹿尾）。

毛鹿尾：鹿宰杀后，将鹿尾在荐椎与尾椎相接处割下，洗净，挂起，置通风处阴干。

梅花鹿尾和马鹿尾在半干时进行修整，以使边缘肥厚，背面隆起，腹凹陷。夏季，鹿尾极易腐败，可将鲜鹿尾放入白酒中浸泡 1 天后，再按上述方法加工。冬季可以冷冻保存。此外，鲜鹿尾也可用热水浇烫 1 ~ 2 次或在 80 ~ 90℃水浸泡 30 ~ 50s 后，取出拔掉尾毛，刮净绒毛和表皮，除去尾根残肉和尾骨，缝合尾根及断离皮肤，烘干（40 ~ 50℃）或置通风处阴干。加工梅花鹿尾多用此法，冬、春两季加工的鹿尾质量较好。

性状 马鹿尾呈钝圆锥形，似猪舌。母鹿尾体形粗短，尾头较钝圆。公鹿尾体形细长，尾头较尖。毛鹿尾长 13～15cm，基部稍扁宽，割断面不平整，背面有棕黄色长毛，腹面为淡黄色短毛。光鹿尾较短，长 11～13cm，基部稍扁宽，割断面缝合，边缘肥厚，背面隆起，腹面凹陷，尾尖略向腹面弯曲。尾部紫红色至紫黑色。表面平滑，油润，有光泽，可见凹点状微细毛孔及少许茸毛，间有纵沟。质坚硬，味咸。

马鹿尾以皮细色黑有光泽、肥大肉厚、无根骨、背有抽沟、无臭味、无夹馅、无空心、无熟皮、无残肉、无毛根、无破损、体重者为佳。

梅花鹿尾较马鹿尾狭长而薄小。带毛者长 16～20cm，基部稍扁宽，割断面不平整。多数具有背线延续的黑线，黑线逐渐增宽至 3.5～4.5cm，往下渐窄。尾的边缘有白色长毛，腹面为稀短的白毛，露肤。少数鹿尾不具尾黑线。不带毛者稍短，基部略扁宽，割断面缝合，尾尖略向下弯，呈紫红色或紫黑色，表面平滑，油润，有光泽，可见凹点状微细毛孔及少许茸毛，多具纵向皱沟，质坚硬，气腥，味咸。

化学成分 邓鸿对鹿尾化学成分的初步分析结果见表1-4～表1-6。

表 1-4　鹿尾氨基酸含量　　　　　　（单位：%）

氨基酸	梅花鹿尾	马鹿尾	氨基酸	梅花鹿尾	马鹿尾
天门冬氨酸	4.95	4.29	异亮氨酸	1.33	1.36
苏氨酸	1.63	1.82	亮氨酸	2.98	3.09
丝氨酸	2.33	2.33	酪氨酸	0.77	0.94
谷氨酸	7.13	7.36	苯丙氨酸	1.79	1.91
甘氨酸	10.94	10.49	赖氨酸	2.90	1.45
缬氨酸	2.26	2.40	脯氨酸	21.13	18.48
甲硫氨酸	0.48	0.50			

表 1-5　鹿尾无机元素含量　　　　　　（单位：μg/g）

无机元素	梅花鹿尾	马鹿尾	无机元素	梅花鹿尾	马鹿尾
钠	204731.00	618209.00	铬	5.86	5.87
钾	114233.00	369112.00	铜	4.33	4.62
磷	170528.00	172993.00	钛	3.14	2.45
钙	3.92	2.95	锰	4.75	2.75
铁	270.47	168.40	铅	10.72	11.54
镁	727.85	694.30	锶	28.24	27.18
锂	18.99	48.46	镍	0.25	1.29
铝	109.55	135.57	钴	1.77	1.47
锌	71.18	79.39	钒	0.26	0.39
钡	48.28	36.83	镉	0.01	0.01

表 1-6　鹿尾激素含量　　　　　　（单位：μg/g）

激　素	梅花鹿尾	马鹿尾
睾　酮	2.7857	4.4931
雌二醇	0.2893	0.4843

（四）鹿皮

鹿皮药用始载于《本草纲目》。

来源 本品为梅花鹿或马鹿的干燥皮。

采收加工 四季均可采收，秋、冬二季采收者为佳。鹿宰杀后剥皮，刮净毛及残肉，用碱水洗涤后，再用清水冲洗干净，切块，晒干或烘干。

性状与成分 干品呈多角形、板片状、条状、筒状或不规则状，有的边缘卷曲，大小不等。原皮均有毛。冬季厚密，呈栗棕色或灰褐色，伴生绒毛。鼻面、颈及眼部毛短，毛尖沙黄色。体毛毛基浅棕色或浅黄色，毛尖沙黄或黄棕色，腹皮毛黄白色。夏毛稀薄，无绒毛，呈赤褐色或红棕色，有的带有白斑。幼鹿皮毛灰棕色，体背及两侧密集白斑，腹皮毛乳白色。加工去毛者，外表面及内表面均呈黄白或棕褐色，具有油脂样光泽，有的可见到细点状毛囊痕迹及附带的肌肉。质坚韧，不易折断。气腥，味咸。

（五）鹿心

来源 本品为梅花鹿或马鹿带血的新鲜、冷冻或干燥心脏。

采收加工 四季均可采收。鹿宰杀后，剖腹开胸，结扎心脏血管，防止心血流失，同时去掉心包膜与心冠脂肪，洗净，冷冻或烘干，烘干温度开始为 70～80℃，逐步降至 50℃左右，4～5 天即可干透。还有一个加工方法，将鹿心置于 50°

粮食酒中保存或煮熟后干燥。

性状与成分 本品呈短圆锥形，两侧略扁，表面紫红色或暗红色，多皱缩抽瘪，长 11～15cm，心基宽 9～11cm。可见数个血管切痕和残存的黄色脂肪。心体具空腔，纵切可见中隔将其分为两半，每半又被"房室口"分作上部心房和下部的心室。质较轻，坚硬。具特异气味，微膻，味咸。

（六）鹿血

采收加工 四季均可采收。

方法一：鹿宰杀后，用适宜容器接收鹿血，放置约 4h，待其凝固，取出后分成小块，置盘中，在干燥箱或烘干室中干燥。干燥时间为 4 天，温度第一天 80℃，第二天 70℃，第三天 70℃，第四天 50℃。

方法二：将鹿血放置在低温冰箱（-40℃/-80℃）中进行冷冻预处理，然后放置在托盘中，将托盘放入冷冻干燥机。鹿血在低温下先冻结，而后水分在真空状态下直接升华，并用冷凝的方法捕获升华的水汽，完成脱水干燥，直至将鹿血完全冻干成粉末状。将干燥后的鹿血研磨过 80 目筛，最后制成鹿血粉末，用高温灭菌。

方法三：取经柠檬酸钠抗凝处理的鹿血，在喷雾干燥塔内经雾化器雾化后，与热空气（40～80℃）同时进入干燥器（进料速度：3.0×10^{-3} L/s），通过热交换干燥成粉，收集到收集器内，通过高温对鹿血粉进行灭菌处理。

方法四：将鹿血过滤，加 60°白酒浸泡，装瓶。

性状与成分 干燥的鹿血呈紫红色或黑褐色，块状或片状，大小不一，体轻，质硬或松脆，碎断面略显光泽，大块者可见蜂窝状的凹窝。气微腥，味微咸。烘干品颜色黑暗，冷冻或低温减压干燥品，色泽鲜艳。

化学成分 鲜鹿血水分含量达 80%～81%，无机成分占 2%～4%，灰分占 3%～4%，有机成分占 16%～17%。有机成分中主要是蛋白质，包括白蛋白、球蛋白，特别是 γ-球蛋白含量较高，蛋白质中富含 19 种氨基酸及多种酶类。另外，含有多种脂类、游离脂肪酸类、固醇类、糖脂类、磷脂类、激素类、嘌呤类、维生素类和多糖类等，并含多种常量和有益微量元素。

（七）鹿肝

来源 本品为梅花鹿或马鹿的肝脏。

采收加工 四季均可采收。鹿宰杀剖腹后，小心取出肝脏，洗净，冷冻或置烘箱内干燥。温度开始时为 70～80℃，逐渐降至 50℃，干透即可。

性状与成分 鹿肝呈前凸、后凹的扁平长方形，长 23～28cm，宽 13～14cm，厚 3～4cm，分叶不明显。左缘钝，右缘锐，上端厚，下端薄。左侧钝缘有较大的后腔静脉切迹，并有 4～5 条肝静脉进入后腔静脉，左缘的中下部有食管切迹。右侧锐缘有深切迹，将肝分为左叶与右叶，右上端有肾压迹。

脏面中部有由右上方斜向左下方的肝门，并有血管、肝管等出入。肝门上部为尾叶，尾叶有突向肾压迹的尾状突，尾叶中部有向肝门突出的乳状突。表面紫黑色，具有油脂样光泽的横纵皱纹。干透的鹿肝体轻，质坚硬，易折断，断面紫黑色或暗红色。气腥膻，味咸。

（八）鹿肾

来源　本品为梅花鹿或马鹿的新鲜或干燥肾脏。

采收加工　四季均可采收。鹿宰杀后，取肾脏，放入沸水中烫几分钟，至针刺无血渗出时，取出，切薄片，于烘箱中60℃以下温度烘干。

性状与成分　鲜鹿肾左肾为长椭圆形，后端稍宽。长约12cm，宽约4.5cm，厚约4.7cm。右肾为蚕豆形，长约10cm，宽约5cm，厚约4.5cm。表面平滑无沟，被以白色的纤维膜。外围包有脂肪囊，呈紫红色。横切面观，外周部皮质颜色较淡，皮质与髓质的中间区域颜色较深，可见"弓状动脉"和"弓"状静脉血管断面。整个髓质部肾锥体末端相合形成弯曲状的肾总乳头突向肾盂。肾盂呈囊状，末端隐窝，周围包以脂肪。

　　干燥鹿肾呈蚕豆形或长椭圆形，左右大小不等。表面紫红色，皱缩。边缘带有黄白色的脂肪。切片可见全部肾乳头合成的一个肾总乳头。质轻，气膻，味淡，微咸。

（九）鹿脑

来源 本品为梅花鹿或马鹿的新鲜或干燥大脑。

采收加工 四季均可采收。鹿宰杀后，去头并剥开头皮，敲碎颅骨，取脑，洗净，干燥。

性状与成分 本品呈类椭圆形，大小不等。长直径为 8 ~ 12cm，短直径为 5 ~ 7cm。表面凸凹不平，布满深浅不同的沟或裂，黄白色或黄棕色，具油脂样光泽。质轻，脆嫩，气膻，味甘。

（十）鹿茸

来源 本品为梅花鹿或马鹿等公鹿尚未骨化、带茸毛的幼角。

采收加工 应按生产收购需要，针对公鹿的不同鹿龄、茸的生长状况及个体长茸特点而收取不同规格的花锯茸（初角茸、二杠、三杈、再生茸）、花砍茸（二杠、三杈）。梅花鹿头二锯，因鹿龄短，茸主干细，需收二杠锯茸；随着鹿龄的增长，可采收三杈锯茸。

　　头锯和二锯茸以后，如果长出主干细弱而顶端生长无力的锥形茸、瘦嘴头茸、主干过弯曲或两侧平伸的爬头茸、羊角茸、过早分枝的小嘴茸、常形茸，嘴头、主干和侧枝方位不正、大小不相称或其他呈畸形的茸都应收取二杠茸。而三锯以上公鹿能正常生茸的应采收三杈茸，其产量高，收益大。将要淘汰的老龄梅花鹿，应根据茸的生长情况，收取花砍二杠或花砍三杈。三锯以上正常鹿，可生产三杈、四杈茸。

采收鹿茸的时期要根据生长发育特点，以及温度、空气相对湿度等外部环境的变化而定。成年梅花鹿茸主干基部骨化较大、细弱的瘦条茸和无生长能力的茸，收取二杠锯茸时，应适时早收。主干、眉枝肥壮，长势良好的茸可晚收。成年鹿茸主干较细的茸，收取三杈锯茸时应早收。主干、眉枝粗壮，茸形佳，上嘴头肥嫩的茸应合理晚收。无生长能力的老龄马鹿，易出现畸形茸，收取莲花、三杈时应适时早收。生长旺盛的壮龄鹿收取三杈、四杈时应适时晚收。花砍茸的采收可比同规格的花锯茸提前。二杠茸主干粗壮，顶端肥满，主干与眉枝比例相称者在生长旺盛期采收。三杈茸主干上部粗壮，主干和第二侧枝顶端丰满肥嫩，比例相称者适时收取。

第二章 吉林全鹿宴（45 道菜）的做法

吉林全鹿宴是以人工养殖鹿的肉及其他部位为原料制作的典型菜肴，具有吉林地方色香味的特点。本章介绍了吉林全鹿宴 45 道菜肴的原料选择、制作过程、风味特点及技术关键。

一 铁板梅花鹿肉

主料 梅花鹿里脊肉 250g。

辅料 红、绿彩椒，洋葱。

调料 精盐、鸡粉、番茄沙司、酱油、料酒、白糖、鲜汤、油、鸡蛋、湿淀粉、葱末、姜末、蒜末。

制作过程

1. 将鹿里脊肉改成大薄片，红、绿彩椒改成菱形片，洋葱切成丝。

2. 将鹿里脊肉片加入蛋清、少许盐、湿淀粉上浆；炒锅内加油烧至四成热时，将鹿里脊肉放入滑油，成熟后倒入漏勺控油。

3. 炒锅内留底油，油热放入葱末、姜末、蒜末炝锅，放入红、绿彩椒片，烹入料酒，加入酱油、鲜汤、番茄沙司、精盐、白糖调好口味，倒入鹿里脊肉片用湿淀粉勾芡，淋明油装入汤盘内。

4. 将铁板放火上烧热，淋入少许油，油热铺上洋葱丝，倒入制作好的鹿里脊肉片即可。

菜肴特点 色泽红亮，葱香浓郁，鹿肉鲜嫩，鲜咸甜酸。

技术关键

1. 鹿肉片上浆薄厚要均匀；滑油温度要掌握好，使其不粘连、不脱浆。

2. 铁板上火要烧出温度，放上洋葱和鹿肉时，要热激出香味。

营养价值

鹿里脊肉中含有大量的蛋白质和氨基酸，人体摄取之后，可以有效地维持身体所需要的能量，促进新陈代谢。而且鹿里脊肉中含有的铁元素比较丰富，可以有效地改善缺铁性贫血。从中医角度来讲，鹿里脊肉还可以补肾养血、滋阴润燥，对于一些气血亏虚、五心烦热等虚弱症状，有很好的改善作用。

二 ┃ 红烧梅花鹿肉

主料 梅花鹿肉 400g。

辅料 胡萝卜、青椒。

调料 精盐、鸡粉、酱油、蚝油、料酒、白糖、鲜汤、油、湿淀粉、葱段、姜块、香料（八角、陈皮、桂皮、香叶）。

制作过程

1. 将鹿肉用水漂净血水后，切成大厚片，焯水处理。将胡萝卜、青椒切成菱形片备用。

2. 锅内放入底油，油热放入鹿肉翻炒，加入葱段、姜块、香料炒出香味，烹入料酒，加入酱油、鲜汤、蚝油、白糖、精盐、鸡粉，中小火烧至软烂，拣出葱、姜块、香料，放入辅料大火翻炒，用湿淀粉勾芡淋明油出锅即可。

菜肴特点 色泽暗红，咸香软烂。

技术关键

1. 鹿肉要漂净血水后再烹调，以减少腥膻异味。

2. 烧制时要加足香料，中小火烧至入味软烂。

营养价值

鹿肉脂肪含量为 2.17%，蛋白质含量为 21.03%，无机盐含量为 1.69%，铁含量为 621mg/kg，锌含量为 125mg/kg；并可以为人体提供血红素（有机铁）和促进铁吸收的半胱氨酸，能改善缺铁性贫血；有补血、养血、增强体质的功效。

三 | 一品鹿肉煲

主料 鹿肉 400g。

辅料 熟去皮鹌鹑蛋、红枣、香葱段。

调料 精盐、鸡粉、酱油、蚝油、料酒、冰糖、鲜汤、油、葱段、姜片、香料（八角、陈皮、桂皮、香叶）。

制作过程

1. 将鹿肉用水漂净血水后，切成小块焯水处理；将鹌鹑蛋均匀地抹上酱油后，高油温炸成金黄色；捞出备用。

2. 炒锅内留底油，油热放入鹿肉大火翻炒，加入葱段、姜片、香料炒出香味，烹入料酒，加入酱油、鲜汤、蚝油、冰糖、精盐、鸡粉，中小火烧制，中途加入红枣和鹌鹑蛋，烧至鹿肉软烂汤汁浓稠，拣出葱、姜块、香料即可。

3. 将沙煲放在火上烧热，淋上少许油，撒上香葱段，倒入烧好的鹿肉盖上盖，沙煲烧至上热气出香味即可。

菜肴特点 色泽暗红，软烂味浓，咸香微甜。

技术关键

1. 烧制时要加足香料，以掩盖腥膻味，激发出肉的香味。

2. 沙煲要在火上烧出热度后再倒入菜肴，这样才能再次激发出香气，保持菜肴温度。

营养价值

鹿肉有强筋健骨、补气益气、除风湿的功效，可作为滋补的食物，用来治疗健忘、头晕目眩、身体衰弱、气血不足、心悸失眠等症状；可用于手术后康复，促进儿童生长发育以及身体虚弱的患者调养身体；可补充体内所需的优质蛋白；可以增强人体的免疫力、营养神经，改善记忆力，促进体内蛋白质的代谢和合成。

四 ┃ 双菇烧鹿肉煲

主料 鹿肉 300g。

辅料 香菇、草菇、香葱段。

调料 精盐、鸡粉、酱油、蚝油、料酒、白糖、鲜汤、油、葱段、姜片、香料（八角、陈皮、桂皮、香叶）。

制作过程

1. 将鹿肉用水漂净血水后，切成小块焯水处理；香菇切小块，草菇一切两半，均焯水处理。

2. 炒锅内放入底油，油热放入鹿肉大火翻炒，加入葱段、姜片、香料炒出香味，烹入料酒，加入酱油、鲜汤、蚝油、白糖、精盐、鸡粉，中小火烧制，中途加入香菇、草菇，烧至鹿肉软烂汤汁浓稠，拣出葱、姜块、香料即可。

3. 将沙煲放在火上烧热，淋少许油，撒上香葱段，倒入烧好的双菇鹿肉盖上盖，沙煲烧至上热气和香味即可。

菜肴特点 鹿肉暗红，菌肉飘香，咸鲜软烂。

技术关键

1. 烧制时要加足香料，以掩盖腥膻味，突出菌、肉香味。

2. 沙煲要在火上烧出热度后再倒入菜肴，这样才能再次激发出香气，保持菜肴温度。

营养价值

鹿肉以及菜品中其他的营养物质可降低血脂，有助于降低血清、胆固醇和抑制动脉血栓的形成。

五 沙茶鹿肉煲

主料 鹿肉 400g。

辅料 红彩椒、绿彩椒、圆葱丝、山药。

调料 沙茶酱、精盐、鸡粉、酱油、蚝油、料酒、白糖、鲜汤、油、淀粉、葱段、姜片、蒜、香料（陈皮、香叶）。

制作过程

1. 将鹿肉用水洗净血水，整块放入锅内，加入水、料酒、精盐、葱段、姜片、香料煮至八分熟，捞出切成厚片；红、绿彩椒切成长条片，备用。

2. 锅内加入大量油烧至七成热，放入鹿肉炸上色，倒入漏勺内控油。

3. 炒锅内加入油，油热放入蒜末炸成金黄色，倒入鹿肉，烹入料酒，加入鲜汤、沙茶酱、酱油、蚝油、精盐、白糖、鸡粉调好口味，中小火烧制鹿肉成熟入味汤汁浓稠，放入红、绿彩椒条、熟山药即可。

4. 将沙煲放在火上烧热，淋少许油，撒上洋葱丝，倒入烧好的双菇鹿肉盖上盖，沙煲烧至上热气和香味即可。

菜肴特点 色泽暗红，酱香味浓，咸香适口。

技术关键

1. 鹿肉要中小火烧制，保证汤汁充足，肉烂不柴。

2. 沙煲要在火上烧出热度后再倒入菜肴，这样才能再次激发出香气，保持菜肴温度。

营养价值

鹿肉中蛋白质的含量为21.03%，铁的含量为621mg/kg。彩椒中富含丰富的胡萝卜素（0.3mg/100g），蛋白质的含量为1g/100g，糖类的含量为5.4g/100g，膳食纤维的含量为1.4g/100g，维生素C的含量为72mg/100g。对于肠胃虚弱的人群来说，本菜品有较好的营养价值。

六 | 蚝油鹿肉香

主料 梅花鹿里脊肉 250g。

辅料 草菇、红彩椒、绿彩椒、洋葱。

调料 精盐、鸡粉、酱油、蚝油、料酒、白糖、鲜汤、油、鸡蛋、湿淀粉、姜末、蒜末。

制作过程

1. 将鹿里脊肉改成大薄片，红彩椒、绿彩椒、洋葱改成菱形片，草菇切两半。

2. 将鹿里脊肉片加入蛋清、少许精盐、湿淀粉上浆；油锅加入油烧至四成热时，将鹿里脊肉放入滑油成熟后倒入漏勺控油。

3. 锅内放入少许油，油热放入姜、蒜末炝锅，放入彩椒片、洋葱片、草菇翻炒，烹入料酒，加入酱油、鲜汤、蚝油、盐、白糖调好口味倒入鹿里脊肉片，用湿淀粉勾芡，淋明油装入盘内即可。

菜肴特点 菜肴色泽红润，质地滑嫩鲜咸。

技术关键

1. 鹿里脊肉片上浆时，要薄厚均匀；滑油要掌握好温度，使其不粘连、不脱浆。

2. 芡汁适量不可过多，菜肴才能汁薄芡亮不黏稠。

营养价值

鹿肉能够减慢人体对糖类的吸收，增强人体免疫力。此菜品用淀粉与蛋清上浆，也能减少烹炒过程中维生素 C 的流失，使菜品更具营养价值。

七 | 黑椒鹿肉丁

主料 鹿里脊肉 250g。

辅料 三色彩椒、洋葱。

调料 黑胡椒碎、酱油、蚝油、料酒、精盐、鸡粉、白糖、鲜汤、油、鸡蛋、淀粉、姜末、蒜末。

制作过程

1. 将鹿里脊肉、三色彩椒、洋葱改成丁。

2. 将鹿肉丁加入蛋清、少许盐、湿淀粉上浆；炒锅加入油烧至四成热时，放入鹿肉丁滑油成熟后，倒入漏勺内控油。

3. 炒锅内放入底油，油热放入姜末、蒜末焅锅，放入彩椒丁、洋葱丁、黑胡椒碎翻炒，烹入料酒，加入酱油、鲜汤、蚝油、精盐、白糖调好口味，倒入鹿肉丁，用湿淀粉勾芡，淋明油装入盘内即可。

菜肴特点 菜肴色泽红润，质地香嫩，黑椒口味突出。

技术关键

1. 鹿肉丁上浆要薄厚均匀；滑油温度要掌握好，使其不粘连、不脱浆。

2. 芡汁适量，菜肴才能汁薄芡亮不黏稠。

营养价值

黑胡椒中脂肪的含量为 3.3g/100g，不饱和脂肪酸的含量为 1.4g/100g，糖类的含量为 64g/100g，膳食纤维的含量为 25.3g/100g，蛋白质的含量为 10.4g/100g，维生素 B_1 的含量为 0.11mg/100g，维生素 B_6 的含量为 0.29mg/100g，营养价值非常高。鹿肉中含有的维生素B族可以营养神经、改善失眠，可以促进新陈代谢的正常进行，起到一定的活血补血作用。

八｜飘香鹿肉丝

主料 鹿肉 300g。

辅料 香菜梗、洋葱。

调料 精盐、味精、酱油、料酒、白糖、熟芝麻、孜然粉、干红辣椒丝、姜丝、蒜末、油。

制作过程

1.将鹿肉切成丝，香菜梗切成段，洋葱切成丝。

2.炒锅内放入油烧热，放入鹿肉丝炒散，加入干辣椒丝、姜丝、蒜末、洋葱丝炒出香味，继续翻炒逐次加入料酒、酱油、盐、味精、白糖、孜然粉、香菜梗、熟芝麻，炒至干香吐油即可。

菜肴特点 菜肴干香油润，孜然味浓香辣。

技术关键

1.鹿肉丝要切得粗细均匀，不宜过细，保证肉丝炒制得整齐不碎。

2.炒制时，要掌握好火候，先炒肉丝时火候要大，以锁住肉中的水分，保证肉质不柴；加干香料时，火候不宜过急，以免原料焦煳，不出香味。

营养价值

鹿肉有促进血液循环的作用，可改进身体素质偏寒者手脚发凉的病症，还可祛风祛毒、健胃消食以及降血压。

九 ｜ 碗蒸梅花鹿肉

主料 梅花鹿肉 500g。

辅料 香葱花。

调料 精盐、鸡粉、酱油、花椒粉、蚝油、料酒、姜片、八角、桂皮、油。

制作过程

1. 将整块肉放入锅内，加入水、精盐、姜片、料酒、八角、桂皮煮熟，捞出晾凉。

2. 将肉切成长薄大片放入盆内，加入精盐、鸡粉、酱油、料酒、蚝油、花椒粉、香葱花、油拌匀，腌制入味。

3. 将腌制好的肉片整齐摆入大碗内，上屉蒸至软烂即可。

菜肴特点 肉呈深粉色，软烂咸香，葱椒味浓。

技术关键

1. 煮鹿肉时，煮熟即可，晾凉后再改刀，保证肉片整齐不碎。

2. 肉片腌制时，花椒粉、香葱花使用量略大点，以突出其香味。

营养价值

鹿肉的脂肪含量为 2.17%，蛋白质含量为 21.03%，镁含量为 2.739g/kg，铁含量为 621mg/kg。香葱中含有大蒜油，具有抗菌、抗病毒的功效，可以预防感冒、细菌性腹泻。

十 | 梅花鹿肉干

主料 梅花鹿里脊肉 500g。

辅料 芹菜、洋葱、香菜、姜。

调料 精盐、酱油、味精、白糖、料酒、胡椒粉、十三香、油。

制作过程

1. 将鹿肉先片成相连的大厚片，再改成相连的长条放入盆内；将芹菜拍碎切成段、洋葱切成丝、香菜切成段、姜切成片，放入装鹿肉的盆内。

2. 将精盐、酱油、味精、料酒、白糖、胡椒粉、十三香放入装鹿肉的盆内，拌匀腌制 2h，再将鹿肉放到低温通风处，挂起晾制约 30h 至半干透程度，改刀成长段。

3. 炒锅内放入油，烧至六成热放入鹿肉条，中火炸制成熟干香，即可装盘。

菜肴特点 色泽火红干巴，口味咸香。

技术关键

1. 鹿肉晾制时，气温要低而且通风。如果温度高，则需要用风扇吹干。

2. 炸制时间要略长，火候不要急，保持中火油温炸透成熟。

营养价值

鹿肉中脂肪的含量为 2.17%，蛋白质的含量为 21.03%，镁的含量为 2.739g/kg，铁的含量为 621mg/kg。芹菜中糖类的含量为 6.7g/ 100g，膳食纤维的含量为 1.3g/100g，维生素 C 的含量为 2g/100g，钾的含量为 128mg/100g。梅花鹿肉干具有降血压、降血脂的作用，对神经衰弱、月经失调、痛风、抗肌肉痉挛也有一定的辅助食疗作用。它还能促进胃液分泌，增加食欲。

十一 | 干煸梅花鹿肉

主料 梅花鹿肉 300g。

辅料 芹菜。

调料 椒盐、味精、糖、麻辣油、干红辣椒丝、干淀粉、葱丝、姜丝、蒜片、油、熟芝麻。

制作过程

1. 将鹿肉改成丝，芹菜顺切一刀改成段。

2. 炒锅内放入油烧至七成热时，将鹿肉丝挂匀干淀粉，放入油内炸至深金黄色，捞出控油。

3. 炒锅内放入麻辣油烧热，放入葱丝、姜丝、干红辣椒丝、蒜片、芹菜段炒出香味，放入炸好的鹿肉丝翻炒，同时加入椒盐、白糖、味精、熟芝麻翻炒均匀即可。

菜肴特点 色泽金黄，油润干香，麻辣味浓。

技术关键

1. 鹿肉丝改刀要均匀，肉丝可略粗。

2. 翻炒鹿肉丝时，火候要大；加调料时，动作要快。

营养价值

此菜品含有利尿的成分，可以促进尿液排出，消除身体发肿情况，特别适合身体浮肿的人群食用。

十二｜韩式铁板烤梅花鹿肉

主料 鹿肉 300g。

辅料 洋葱、梨。

调料 韩式酱油、清酒、牛肉粉、味精、白糖、胡椒粉、蒜、姜、芝麻油、油、蘸料粉。

制作过程

1. 将鹿肉切成薄片，洋葱部分切成丝；部分洋葱和梨、蒜、姜用打碎机打成果蔬汁。

2. 将切好的鹿肉放入盆内，加入蔬菜汁、韩式酱油、清酒、牛肉粉、味精、白糖、胡椒粉、芝麻油拌均匀，腌制入味。

3. 将韩式铁板烧热，淋入油，放入腌制好的鹿肉拌炒散开，加入洋葱丝拌炒熟即可，沾蘸料粉食用。

菜肴特点 色泽火红油润，口味浓郁咸香。

技术关键

1. 鹿肉要切得薄厚均匀；腌制时，果蔬汁内的果酸会使肉质鲜嫩。

2. 烤制时，铁板要烧热，以锁住肉中的汁水，保证肉质表面干香、内质鲜嫩。

营养价值

鹿肉有助于降低血压，也有一定的保护心脏的功效。单宁酸和其他成分也具有润喉、镇咳以及化痰的作用。此菜品中所含的糖和维生素很容易被人体吸收，还可以起到增强食欲的作用。

十三│鹿肉松

主料 鹿腿肉。

辅料 淀粉、大豆蛋白。

调料 精盐、黑胡椒、白糖、料酒、桂皮、白芷、砂仁、香叶、葱、姜、蒜。

制作过程

1. 将鹿肉净毛、刮洗，焯透水，投凉。

2. 将锅内放入鹿肉、葱、姜、精盐、料酒等辅料煮至八分熟。

3. 将鹿肉进行炒松、挑松等工序，完成肉松制作。

菜肴特点 色泽红润，营养丰富，口感俱佳。

技术关键

1. 鹿肉修整时，要修掉筋膜及脂肪，防止肉松成球状。

2. 鹿肉分切不能太小，防止炒出来的肉松的绒过短。

营养价值

此菜品可提供人体所必需的蛋白质、脂肪、矿物质等营养物质，还含有大量的微量元素铁，有助于补充身体所需的铁质，有预防缺铁性贫血的功效。

十四 西湖鹿肉羹

主料 鹿肉末 150g。

辅料 银耳末、香菜末。

调料 精盐、鸡粉、料酒、胡椒粉、鲜汤、湿淀粉、葱末、姜末、鸡蛋清、香油。

制作过程

1. 将炒锅内放入水烧开，放入鹿肉末焯水，冲水去净血水沫。

2. 炒锅内加入鲜汤，放入精盐、鸡粉、料酒、胡椒粉、葱末、姜末调好口味，用湿淀粉勾成米汤芡，放入鹿肉末、银耳末、香菜末，烧开淋入蛋清液和香油即可。

菜肴特点 汤色洁白，鲜咸适口。

技术关键

1. 鹿肉末要焯水，冲水去净血沫。

2. 勾稀薄的米汤芡时，原料能悬浮在芡汤中即可，芡汤不能稠。

营养价值

此菜品中含有大量的蛋白质和多种氨基酸，可补中益气、滋养脾胃、强健筋骨。银耳中的多糖还能够增强人体的免疫功能，起到扶正固本的作用。

十五 │ 时蔬汆梅花鹿肉丸

主料 细鹿肉馅 150g。

辅料 油菜。

调料 精盐、鸡粉、料酒、胡椒粉、鲜汤、蛋清、香油、葱末、姜末。

制作过程

1. 将鹿肉馅放入盆内，加入鲜汤、蛋清、葱末、姜末、精盐、鸡粉、料酒搅拌上劲；油菜切成小菱形片。

2. 将炒锅内放少许底油，用葱末、姜末炝锅烹入料酒，加入鲜汤，用精盐、鸡粉调口味；烧至汤将开时，用手将肉馅挤成小丸子，下入锅内；放入油菜片，烧开撇净浮沫，待丸子都浮起淋香油即可。

菜肴特点 汤清鲜咸，丸子香嫩。

技术关键

1. 肉馅内加入的汤汁要适量，搅拌上劲后的肉馅要有黏性。

2. 丸子要挤得大小均匀滚圆。

营养价值

鹿肉中的脂肪含量为 2.17%，蛋白质含量为 21.03%，镁含量为 2.739g/kg，铁含量为 621mg/kg。油菜中的糖类含量为 3.8g/ 100g，蛋白质含量为 1.8g/100g，维生素 A 含量为 0.13g/100g，维生素 C 含量为 0.036g/100g，酸含量为 0.7mg/100g，磷含量为 39mg/100g，钾含量为 210mg/100g，钙含量为 108mg/100g，铁含量为 1.2mg/100g。此菜品中含有大量的维生素 C，有助于维持身体的免疫功能。

十六｜箭射鹿肉串

主料 鹿肉 500g。

辅料 洋葱、青椒。

调料 精盐、味精、酱油、料酒、胡椒粉、鸡蛋、湿淀粉、油。

制作过程

1. 将鹿肉切成长厚片，洋葱、青椒切成小方片。

2. 将鹿肉片、洋葱片、青椒片放入盆内，加入精盐、味精、酱油、料酒、胡椒粉、鸡蛋、湿淀粉、油拌匀，腌制入味。

3. 用带把钢钎子将鹿肉片、洋葱片、青椒片间隔穿成串。

4. 炒锅内加入油，烧至七成热时，放入鹿肉串，炸成火红色时捞出即可。

菜肴特点 鹿肉色泽火红，外干里香咸嫩。

技术关键

1. 腌制时，调料要拌匀，保证腌制入味。

2. 炸制时，油温要高，以锁住汁水，保持肉质鲜嫩。

营养价值

本菜品营养丰富，对营养不良、腰膝酸软、阳痿早泄以及一切虚寒病症均有很大裨益；具有补肾壮阳、补虚温中等作用，男士适合经常食用。

主料 鹿腿肉。

辅料 脂肪、淀粉、大豆蛋白。

调料 精盐、鸡粉、白糖、料酒、鲜汤、葱、姜、蒜。

制作过程

1. 将鹿肉及脂肪净毛刮洗干净备用。

2. 将鹿肉及脂肪利用绞肉机绞制，直至绞制合格。

3. 将辅料及添加剂与绞制合格的原料肉及脂肪充分混拌，并灌至备好的肠衣中，进行熏制。

菜肴特点 营养丰富，色泽、口感俱佳。

技术关键

1. 鹿肉要去净腥膻气味；绞制粒度要均匀，不能太细。

2. 灌肠要均匀，同时要排气，否则肠体容易破裂。

营养价值

此菜品营养物质丰富，有很好的保健治疗作用。蛋白质及必需的脂肪酸含量丰富，可以促进铁的吸收，治疗改善缺铁性贫血，从而促进新陈代谢，提高免疫力。对于肠胃虚弱的人群有比较好的营养价值。

十八 | 酱烧梅花鹿排

主料 梅花鹿排 600g。

辅料 红、绿彩椒。

调料 精盐、鸡粉、酱油、柱侯酱、排骨酱、料酒、白糖、鲜汤、葱片、姜片、蒜、陈皮、油。

制作过程

1. 将鹿排冲水去净血水，顺肋骨切成条、剁成段；红、绿彩椒改成长条段。

2. 炒锅内放入底油烧热，放入鹿排煸炒透，加入葱片、姜片、蒜末、陈皮，继续煸炒出香气，烹入料酒，加入酱油、鲜汤、柱侯酱、排骨酱、白糖、鸡粉，大火烧开调好口味，中、小火烧制入味软烂汤汁浓稠时，拣去葱、姜、陈皮，放入彩椒条翻炒，将汤汁裹匀即可。

菜肴特点 色泽红润，酱香浓郁咸香微甜。

技术关键

1. 排骨炒制时，要炒透，至表面上色。

2. 调味要突出陈皮、柱侯酱、排骨酱的香味。

营养价值

鹿肉是一种性温和的肉类食物。鹿排可以起到润五脏、调血脂的效果，有补脾益气、温肾壮阳的功效。

十九 | 蜜制烤梅花鹿排

主料 梅花鹿排 600g。

辅料 洋葱、芹菜、红萝卜、姜、蒜、梨。

调料 精盐、牛肉粉、胡椒粉、料酒、蚝油、白糖、油、饴糖。

制作过程

1. 将鹿排顺着每条肋骨切开一面相连，辅料用打碎机打成汁。

2. 将鹿排放入盆内，加入精盐、牛肉粉、胡椒粉、料酒、蚝油、白糖、辅料汁揉搓，使之调味均匀，腌制数小时入味。

3. 打开烤箱，180℃预热，烤盘内放底油放入鹿肉放入烤箱内烤制成熟时，在鹿排表面刷一层饴糖，调高炉温200℃继续烤5min使鹿排表面上色有脆皮即可。

菜肴特点 色泽火红，表皮干脆，内质咸鲜香嫩。

技术关键

1. 腌制时，揉搓要到位，使调味料分布均匀，要腌制一段时间使之入味。

2. 烤制时，要掌握好烤箱温度，保证内里受热均匀成熟，表皮不焦煳。

营养价值

鹿排具有高蛋白、低脂肪、低胆固醇的特点。吃鹿排对血管，特别对血液循环系统和神经系统健康有好处，而且有补脾养胃、养肝补血的效果。

二十 ┃ 碧绿鹿肉筋

主料 熟鹿筋 300g。

辅料 油菜胆。

调料 精盐、鸡粉、酱油、蚝油、料酒、白糖、鲜汤、湿淀粉、油、葱末、姜末。

制作过程

1. 将鹿筋改刀长条；锅内放入油烧至七成热时，放入鹿筋，炸一下捞出控净油。

2. 炒锅内留底油烧热，用葱末、姜末炝锅，烹入料酒，加入酱油、鲜汤、精盐、鸡粉、蚝油、白糖调好口味，放入鹿筋烧至入味，用湿淀粉勾芡淋明油装入盘内。

3. 将油菜胆焯水，清炒出锅，在蹄筋外摆一圈即可。

菜肴特点 色泽红润碧绿，蹄筋咸香软糯，菜胆鲜咸脆嫩。

技术关键

1. 蹄筋不易入味，烧制时要中小火慢烧入味。

2. 掌握好芡汁量，汁少芡薄，烧好的蹄筋才能明亮。

营养价值

每百克鹿筋中含 34g 蛋白质、3g 糖类、154mg 钠、150mg 磷。每百克油菜胆中含糖类 2.7g、脂肪 0.4g、蛋白质 1.3g、膳食纤维 2.2g、钾 166mg。鹿筋当中含有非常丰富的胶原蛋白，而且脂肪含量低，不含胆固醇，能够增强细胞的新陈代谢，使皮肤有弹性和韧性。

二十一 | 京葱烧鹿筋

主料 熟鹿蹄筋 250g。

辅料 京葱白。

调料 精盐、鸡粉、酱油、蚝油、料酒、白糖、鲜汤、湿淀粉、油、姜末。

制作过程

1. 将鹿筋改刀长条，京葱表面切成一字花刀，再改成段。

2. 将锅内放入油烧至七成热时，放入京葱炸成金黄色，捞出控油；放入鹿筋，炸一下捞出控净油。

3. 炒锅内留底油烧热，用姜末炝锅，烹入料酒，加入酱油、鲜汤、精盐、鸡粉、蚝油、白糖调好口味，放入鹿筋和京葱烧至入味，用湿淀粉勾芡淋明油装入盘内。

菜肴特点 色泽红润，蹄筋软糯，葱香浓郁。

技术关键

1. 葱要炸成金黄色，烧制时，才能最大挥发出香味。

2. 蹄筋烧制时，要中小火慢烧，使之有滋味。

营养价值

鹿筋能强筋健骨，非常有利于儿童和青少年的生长发育。中老年人吃鹿筋可抑制骨质疏松，有强筋健骨的功效。

二十二 | 油爆鹿筋

主料 熟鹿筋。

辅料 红、绿彩椒。

调料 精盐、鸡粉、白糖、胡椒粉、料酒、鲜汤、湿淀粉、油、葱末、姜末、蒜末。

制作过程

1. 将熟鹿筋改成长条，红、绿彩椒改成条。

2. 将碗内加入鲜汤，放入精盐、鸡粉、白糖、料酒、胡椒粉，湿淀粉调成芡汁。

3. 将炒锅内放入油烧至八成热时，放入蹄筋，炸一下倒出控净油。

4. 炒锅内留底油烧热，用葱末、姜末、蒜末、红椒片、绿椒片炝锅，倒入蹄筋，烹入芡汁，翻炒均匀淋明油即可。

菜肴特点 芡汁洁白明亮，蹄筋透黄，筋道咸香。

技术关键

1. 爆菜讲究火工，制作时，冲油、烹汁、翻勺要连续，动作一气呵成。

2. 菜肴要芡薄明亮洁净无黑渣。

营养价值

每百克鹿筋中含 34g 蛋白质、3g 糖类、154mg 钠、150mg 磷。每百克彩椒中含脂肪 11.1g、蛋白质 1g、糖类 5.4g、钾 142mg。中医认为，鹿筋味甘、性凉，有补肝强筋、祛风热、利尿的功效。

二十三 梅花鹿筋冻

主料 鹿筋 500g。

辅料 西兰花。

调料 精盐、味精、料酒、葱块、姜块、八角。

制作过程

1. 将鹿筋焯水，摘掉油脂冲洗干净；西兰花切成小朵，焯水投凉。

2. 不锈钢锅内加入水，放入鹿筋、葱块、姜块、八角、精盐、味精、八角，大火烧撇净浮沫，小火慢煮至蹄筋软烂、汤汁浓稠时即可。

3. 将鹿筋摆入盒内，上面摆入西兰花，倒入汤汁晾凉，放入冰箱冷藏室内冷却成冻后装盘。

菜肴特点 冻清澈透明有弹性，蹄筋筋道不硬，咸香适口。

技术关键

1. 熬冻时，要掌握好蹄筋与水的比例。

2. 熬制过程要小火慢煮，汤清不混。

营养价值

此菜品可清理血管垃圾，具有抗凝血的功效。鹿筋富含胶原蛋白，多食可除皱美容。其胶原纤维的造血功能好于阿胶糕，常吃可提升血红素成分及白细胞数量，还可抗血栓的形成。胶原蛋白能够祛皱补水保湿，对减皱美容护肤有特效。

二十四 红扒梅花鹿脸

主料 梅花鹿脸一个 1500g。

辅料 油菜胆。

调料 精盐、鸡粉、酱油、白糖、料酒、蚝油、鲜汤、湿淀粉、蜂蜜、葱段、姜块、油、香料（陈皮、白芷、八角、桂皮、白胡椒粒）。

制作过程

1. 将刮洗干净的鹿脸放入锅内，加入水、料酒、精盐、葱段、姜块煮至八分熟，捞出去骨，将蜂蜜抹在鹿脸皮表面，一起晾干。

2. 将锅内放入大量油，烧至八成热，放入鹿脸油炸至火红色捞出。

3. 锅内留底油，用葱段、姜块及香料炝锅，加入料酒、酱油、鲜汤、白糖、蚝油、鸡粉等，烧开调好口味倒入汤盆内，把鹿脸皮面朝下放入汤盆内，放入蒸箱蒸至酥烂程度取出。

4. 将汤汁滗入炒锅内，用湿淀粉勾芡淋明油，蒸好的鹿脸扣在大盘中拣去其他杂料，浇上芡汁；油菜胆经过焯水清炒后，围在鹿脸一圈即可。

菜肴特点 色泽火红油润，口味软烂咸香。

技术关键

1. 鹿脸去骨时，要保持鹿脸的完整。

2. 走红时，蜂蜜要抹匀，油温要高，使之上色均匀。

3. 蒸制时，要加足调料、香料，使之掩盖鹿脸膻味，溢出香味。

营养价值

鹿脸有润肠胃、生津液、补肾气、解热毒的功效，还可以补充蛋白质和脂肪酸。

二十五 ┃ 葱香烧梅花鹿脸

主料 熟梅花鹿脸 600g。

辅料 大葱白。

调料 精盐、鸡粉、酱油、蚝油、白糖、料酒、油、鲜汤、湿淀粉、姜末。

制作过程

1. 将熟梅花鹿脸去骨切成长条块，大葱切成段。

2. 炒锅内放油，烧至七成热，分别将鹿肉和葱段油炸 1min 捞出控油。

3. 锅内留底油烧热，放入姜末炝锅，加入料酒、酱油、鲜汤、精盐、白糖、鸡粉、蚝油调好口味，放入油炸的鹿肉条、葱段烧至软烂入味，用湿淀粉勾芡淋明油出锅即可。

菜肴特点 色泽红润，软烂咸香，葱香浓郁。

技术关键

1. 熟鹿脸去骨时，要保持其皮面完整；鹿肉条要切得大小长短均匀。

2. 葱白要油炸至深黄色，烧制时才能完全挥发出浓郁的葱香味。

营养价值

此菜品可以为人体提供优质蛋白质和必需脂肪酸；可提供血红素（有机铁）和促进铁吸收的半胱氨酸，能改善缺铁性贫血；还可以润燥。

二十六 | 梅花鹿脑羹

主料 梅花鹿脑 200g。

辅料 银耳末、枸杞。

调料 精盐、鸡粉、鲜汤、料酒、香油、蛋清、色拉油、湿淀粉、葱末、姜末、香菜末。

制作过程

1. 将鹿脑剔去血筋清洗干净，放入锅内，加入水、料酒、精盐、葱段、姜块煮至鹿脑快成熟时，捞出晾凉切成碎粒。

2. 炒锅内加油烧热，葱末、姜末炝锅，烹入料酒，加入鲜汤、精盐、鸡粉调好口味，加入鹿脑粒、枸杞、银耳末，烧开用湿淀粉勾米汤程度的芡，淋入搅散的蛋清，淋入香油出锅装碗即可。

菜肴特点 汤汁洁白鲜咸，脑花软嫩鲜香。

技术关键

1. 煮制鹿脑时，要用中小火，将熟即可，以保留鹿脑的鲜嫩质地。

2. 勾芡时，要掌握好稀稠程度，以稀米汤程度为佳。

营养价值

鹿脑中总脂肪酸含量为 5.58g/kg，镁含量为 2.99g/kg，铁含量为 832mg/kg，锌含量为 216mg/kg。银耳中糖类含量为 5.5g/100g，蛋白质含量为 10g/100g，维生素 C 含量为 2.58g/100g，磷含量为 369mg/100g，钙含量为 36mg/100g。

本品具有益脑髓、补虚劳以及镇惊安神的功效，对神经衰弱、眩晕、耳鸣、脑震荡后遗症等症状具有一定程度上的食疗效果。

二十七 | 各吃梅花鹿脑

主料 鹿脑 100g。

辅料 油菜胆。

调料 精盐、鸡粉、蚝油、酱油、白糖、料酒、油、湿淀粉、鲜汤、葱片、姜片。

制作过程

1. 将鹿脑剔去血筋清洗干净，锅内放水加入葱片、姜片、料酒，鹿脑煮至八分熟时捞出。

2. 锅内放少许油烧热，用葱片、姜片煸出香味拣出，加入料酒、酱油、鲜汤、蚝油、精盐、鸡粉、白糖调好口味，放入鹿脑烧至入味成熟，用湿淀粉勾芡淋明油装入各吃餐具中。

3. 油菜胆经过焯水，清炒成熟摆在鹿脑旁即可。

菜肴特点 色泽红润碧绿，鹿脑软嫩鲜香。

技术关键

1. 水煮和烧制的过程中，要掌握好火候，以中火为宜，成熟入味即可，久烧将会使鹿脑失去鲜嫩口感。

2. 鹿脑容易粘锅底，烧制过程中要勤晃动炒锅。

营养价值

100g 鹿脑中胆固醇量高达 3100mg，是鹿肉胆固醇含量的 30 倍。胆固醇有各种类型，鹿脑当中的胆固醇有利于人脑健康和脑功能的维持和恢复，特别是对青少年脑组织的生长发育有一定的促进作用。除此之外，鹿脑还含有钙、磷、铁等人体大脑所需的营养元素，所以食用鹿脑有很好的健脑功效。

二十八 | 红烧梅花鹿明镜

主料 鹿明镜（鹿眼球）400g。

辅料 红彩椒、绿彩椒。

调料 精盐、鸡粉、酱油、蚝油、料酒、白糖、油、湿淀粉、鲜汤、葱末、姜末。

制作过程

1. 将鹿明镜放入锅内加入水、料酒煮至八分熟时，捞出晾凉，切成厚片；红、绿彩椒切成菱形片。

2. 将炒锅内加入油，烧至七成热时，将鹿明镜入锅，油炸一下倒出控净油。

3. 将炒锅内留底油烧热，用葱末、姜末炝锅，烹入料酒，加入鲜汤、酱油、蚝油、精盐、白糖、鸡粉调好口味，倒入明镜烧至入味，放入彩椒片，用湿淀粉勾芡淋明油出锅即可。

菜肴特点 色泽红润，口感脆嫩筋道咸香。

技术关键

1. 煮制鹿明镜前，要用针将其刺破，以免煮制时爆裂影响形态。

2. 烧制时，烧至成熟入味即可，以保持其脆嫩筋道肉质。

营养价值

鹿明镜中糖类的含量为 1.2g/100g、蛋白质的含量为 3.5g/100g、脂肪的含量为 2.6g/100g。鹿明镜可明目，可预防、治疗眼部干燥，视力模糊，结膜充血，视神经炎，双眼下垂，瞳孔扩大，近视等眼部疾病。

二十九│红油梅花鹿舌

主料 鹿舌 1 个。

辅料 香菜梗。

调料 红油、精盐、味精、酱油、白糖、料酒、油、葱丝、姜丝、蒜末、干红辣椒丝、八角。

制作过程

1. 将锅内放入鹿舌，加入水，烧开焯水，捞出去除表面硬皮，再放入锅内，加入水、八角、葱段、姜块、精盐煮熟。

2. 将晾凉的鹿舌切成丝，香菜梗切段。

3. 炒锅内加入油，烧至六成热时，放入鹿舌丝，炸一下倒出控净油。

4. 炒锅内留底油，油热放入葱丝、姜丝、干红辣椒丝、蒜末炝锅，倒入鹿舌丝，烹入料酒，加酱油、盐、糖、味精、香菜段翻炒，淋入红油即可。

菜肴特点 色泽火红，油辣咸香。

技术关键

1. 煮制时，成熟即可，过火会影响改刀的完整性。

2. 改刀时，丝要略粗，长短要均匀。

营养价值

每 100g 鹿舌中含磷 151mg、维生素 C 48mg、铁 2.9mg、硒 0.5mg。此菜品中蛋白质含量高，脂肪含量较低，胆固醇的含量较高。鹿舌能促进生长发育及身体组织器官的修复。由于鹿舌中的胆固醇含量偏高，对于高胆固醇血症、高血压病和冠心病的患者，应尽量少食或避免食用。

三十 ｜红烧梅花鹿唇

主料 梅花鹿唇 500g。

辅料 油菜胆。

调料 精盐、鸡粉、酱油、蚝油、白糖、油、料酒、鲜汤、湿淀粉、葱末、姜末、蒜末。

制作过程

1. 将鹿唇焯水、刮净毛、洗净、切成长条块，锅内放入大量油烧至七成热时，放入鹿唇，油炸一下倒入漏勺控净油。

2. 炒锅内留底油烧热，放入葱末、姜末、蒜末炝锅，放入鹿唇，烹入料酒，添入鲜汤，加入盐、鸡粉、酱油、蚝油、白糖大火烧开，中小火烧至入味成熟，用湿淀粉勾芡淋明油出锅即可。

3. 菜胆焯水清炒，围在鹿唇一圈即可。

菜肴特点 色泽红润，柔嫩咸香。

技术关键

1. 鹿唇焯水时、要放入料酒煮透去除腥味。

2. 鹿唇胶质较多，烧制时，要烧至软烂，以保证稍凉后质地不会硬。

营养价值

每 100g 鹿唇中含磷 253mg、钾 380mg、钠 86mg、碘 90mg。每 100g 油菜胆中含糖类 2.7g、蛋白质 1.3g、磷 39mg、钾 166mg、钙 108mg、铁 1.2mg。鹿唇有化结止痛、护肝明目的效果，对肾阴不济、妇女乳腺炎有抑制和延缓的功效。

三十一 │ 熘梅花鹿唇

主料 熟梅花鹿唇 300g。

辅料 胡萝卜、青椒。

调料 精盐、鸡粉、酱油、白糖、蚝油、料酒、油、湿淀粉、鲜汤、葱末、姜末、蒜末。

制作过程

1. 将熟鹿唇切成小略厚的片，胡萝卜、青椒切成菱形片。

2. 炒锅内倒入油，烧至六成热时，放入鹿唇片，炸一下倒入漏勺内控油。

3. 炒锅内留底油，油热放入葱末、姜末、蒜末炝锅，放入辅料，烹入料酒，加入酱油、鲜汤、蚝油、盐、鸡粉、糖调好口味，倒入鹿唇，用湿淀粉勾芡淋明油出锅即可。

菜肴特点 色泽红润，咸鲜味香。

技术关键

1. 熟鹿唇凉透后再进行改刀，这样原料的进刀面才能整齐不碎。

2. 鹿唇过油时，油温不宜过高，稍炸即可，以免胶质蛋白变硬。

营养价值

每 100g 鹿唇中含蛋白质 22.9g、脂肪 3.7g、磷 253mg、钾 380mg。每 100g 青椒含糖类 5.4g、维生素 C 72mg、钾 142mg、钠 33mg。用淀粉包裹鹿唇进行熘制，减少营养流失的同时，可以使肉质更加嫩滑，口感极佳。

三十二 ┃ 三鲜烩鹿唇

主料 熟鹿唇200g。

辅料 鸡脯肉、黄玉参、松茸蘑、胡萝卜、油菜。

调料 精盐、鸡粉、鲜汤、料酒、胡椒粉、湿淀粉、油、葱丝、姜丝。

制作过程

1. 将主料与辅料均切成丝。

2. 将鸡脯丝、大虾丝上浆，然后将主料与辅料均焯水，控净水分。

3. 炒锅内放入底油，油热用葱丝、姜丝炝锅，烹入料酒，加入鲜汤，放入盐、鸡粉、胡椒粉调好口味，放入主、辅料烧开，用湿淀粉勾芡倒入汤盘内即可。

菜肴特点 汤汁洁白，鲜咸适口，营养丰富。

技术关键

1. 鹿唇要凉透后改刀，可比辅料的丝略粗，丝长而不碎。

2. 主、辅料根据质地不同，分别进行焯水处理，以保持原料特有的质地。

营养价值

每100g鹿唇中含蛋白质22.9g、胆固醇0.07g、维生素B_2 86mg、烟酸3.6mg。每100g胡萝卜中含糖类8.1g、膳食纤维3.2g、钠121mg、维生素A 685mg。烩制鹿唇，能将其中富含的蛋白质水解，维生素B、维生素C以及矿物质磷、钙溶于汤汁中，营养丰富，香味浓郁。

三十三 ▍扒焖梅花鹿唇

主料 熟梅花鹿唇400g。

辅料 油菜胆。

调料 精盐、鸡粉、蚝油、白糖、料酒、蜂蜜、鲜汤、淀粉、油、葱片、姜片、八角。

制作过程

1. 将炒锅内放入油烧至八成热，在熟鹿唇表皮上均匀地抹上蜂蜜，放入油内炸成火红色捞出，晾凉改成长方形厚片，整齐排列摆在盘上。

2. 炒锅内留底油烧热，放入葱片、姜片、八角炸出香味拣出，烹入料酒，放入酱油、鲜汤、蚝油、白糖调好口味，放入鹿唇，中小火扒焖至软烂，用湿淀粉勾芡淋明油，大火翻炒装至盘内即可。

3. 油菜胆经过焯水清炒，摆在鹿唇两边即可。

菜肴特点 色泽火红，软烂咸香。

技术关键

1. 油炸鹿唇时，要用高油温，以表皮起泡火红色效果为好。

2. 扒焖时，要添足汤汁，慢火使之软烂；勾芡时，要旺火晃勺，以免粘底。

营养价值

每 100g 鹿唇中含蛋白质 22.9g、维生素 B_2 86mg、磷 253mg、钾 380mg。每 100g 油菜胆中含糖类 2.7g、脂肪 0.4g、蛋白质 1.3g、磷 39mg、钾 166mg、钙 108mg、铁 1.2mg。焖制出的鹿唇酥烂、汤汁浓郁、香味醇厚、容易消化，适合肠胃不好的人群食用。

三十四 双椒梅花鹿耳

主料 熟梅花鹿耳 300g。

辅料 绿、红彩椒。

调料 湖南剁椒酱、海南黄椒酱、鸡粉、白糖、油、姜、香葱末。

制作过程

1. 将鹿耳坡刀切成薄片，按原形在盘内摆成两排，红、绿彩椒、姜均切成小方片。

2. 将彩椒、姜片放入剁椒酱内，加入鸡粉、白糖拌匀，抹在一排鹿耳上；将黄椒酱加入鸡粉、白糖拌匀，抹在另外一排鹿耳上。

3. 蒸屉上汽，将鹿耳上屉蒸 10min 取出，撒上香葱丁、淋上热油即可。

菜肴特点 色泽红、黄相间，两种口味的辣椒酱味浓郁。

技术关键

1. 鹿耳坡刀要切成大薄片，保持原形排列整齐。

2. 两种酱口味较咸，使用量不宜过多。

营养价值

鹿耳中含有丰富的蛋白质，是构成和修复身体的重要原料。食用鹿耳有补充营养、增强免疫力的功效。鹿耳中含有脂肪，人体每天都需要消耗大量的热量来维持日常生活，而脂肪能够为机体补充能量，同时还能为维生素 A、D 等脂溶性维生素提供溶剂，促进其吸收。

主料 熟梅花鹿耳 300g。

辅料 香菜梗。

调料 精盐、味精、酱油、红油、白糖、料酒、葱丝、姜丝、蒜末、油、干红辣椒丝。

制作过程

1. 将熟鹿耳切成丝，香菜梗切成段。

2. 炒锅内加入油烧至六成热时，放入鹿耳丝炸一下，倒入漏勺内控油。

3. 炒锅内留底油，油热放入葱丝、姜丝、干红辣椒丝、蒜末炝锅，倒入鹿耳丝烹入料酒，加酱油、精盐、白糖、味精、香菜段，翻炒淋入红油即可。

菜肴特点 色泽红润泛金黄，口感脆嫩香辣。

技术关键

1. 熟鹿耳改刀时，厚的部位需用片刀，长短粗细要力求一致。

2. 炒制时，要不断边翻勺边加调味料，防止粘锅。

营养价值

鹿耳中含有维生素 B 族成分，与皮肤健康密切相关，能防治湿疹、帮助皮肤抵抗日光损伤、促进皮肤细胞再生、防止皮肤粗糙、增进皮肤健康。鹿耳中含有胶原蛋白，有保持皮肤弹性和保水性的功效，可以抗皱、防衰老。

三十六 | 葱烧鞭花

主料 熟鹿鞭 400g。

辅料 大葱白。

调料 精盐、酱油、料酒、鸡粉、蚝油、白糖、鲜汤、湿淀粉、油、姜丝。

制作过程

1. 将熟鹿鞭切成段，改成菊花花刀，大葱切成段。

2. 炒锅内加入油烧至七成热时，放入大葱炸成金黄色，再放入鹿鞭炸一下，倒入漏勺控油。

3. 炒锅内留底油烧热时，放入姜丝炝锅，烹入料酒，加入酱油、鲜汤、精盐、鸡粉、蚝油、白糖调好口味，放入鹿鞭花和大葱烧至入味，用湿淀粉勾芡淋明油即可。

菜肴特点 色泽红润明亮，葱香浓郁咸香。

技术关键

1. 切鹿鞭花时，刀工要均匀，且要盘卷成菊花状。

2. 大葱要油炸至变色出香味，这样烧制时葱香味才浓郁。

营养价值

每 100g 鹿鞭中含蛋白质 29.7g、糖类 4.3g、脂肪 0.8g、胆固醇 186g、钠 698mg、钾 152mg、镁 184mg。此菜品可健脑壮骨、补脾和胃，鹿鞭可滋阴润燥、补肾壮阳。

主料 鲜梅花鹿血 100g。

辅料 鸡蛋。

调料 精盐、鸡粉，鲜汤、花椒水、料酒、细葱花、料酒。

制作过程

1. 将鸡蛋打入碗内，加入鲜汤、花椒水、料酒、精盐、鸡粉搅匀，留出一少部分加入鹿血搅匀。

2. 将加入鹿血的蛋液一半倒入汤盘内，上屉蒸成膏状，放入模具，分别在模具的里外倒入加入鹿血的蛋液和蛋液，继续蒸成膏状后拿出，表面淋一层料油即成。

菜肴特点 色彩红黄分明，血膏软嫩细腻。

技术关键

1. 要掌握好蛋液加入鹿血和鲜汤的比例，以 2 : 1 为好。

2. 蒸制过程中，蒸汽不宜过大，蒸制时间不可过长。

营养价值

每 100g 鹿血中含蛋白质 14.6g、脂肪 34.5g、胆固醇 120g、钠 690mg。此菜品具有美容养颜、治疗贫血、调节免疫功能、延缓衰老、改善记忆力、抗疲劳、改善性功能等多项治疗保健功效。

三十八 蜜制梅花鹿血肠

主料 梅花鹿血 1000g。

辅料 鹿小肠。

调料 精盐、鸡粉、香料粉、鲜汤、猪油、鸡蛋、细葱末。

制作过程

1. 将鹿血倒入盆内，加入鲜汤、精盐、鸡粉、鸡蛋、香料粉、细葱末、猪油搅匀。

2. 将鹿小肠一面打节系好，把调好的鹿血灌入肠内，另一面打节系好。

3. 将锅内注入水烧热，放入血肠煮熟后捞出，放入冷水内浸泡，冷却后捞出，把血肠切成厚片，再用开水烫出血水即可。

菜肴特点 血肠切面光洁细腻，口感清香软嫩。

技术关键

1. 要掌握好鹿血与鸡蛋、鲜汤的比例，三者比例为5:3:2。

2. 煮制血肠时，要中小火候浸熟。

营养价值

每100g鹿血中含蛋白质14.6g、脂肪34.5g、胆固醇120g、钠690mg。每100g鹿小肠中含蛋白质10g、糖类1.3g、脂肪2g、钠205mg/100g、磷95mg、钾142mg。此菜品具有润肠养胃的功效。

三十九 | 蒜香鹿肚

主料 熟鹿肚 250g。

辅料 大蒜瓣，红、绿彩椒。

调料 精盐、鸡粉、酱油、蚝油、白糖、胡椒粉、料酒、鲜汤、湿淀粉、香油、油、葱丝、姜丝。

制作过程

1. 将熟鹿肚及红、绿彩椒改成条。

2. 炒锅内放入油，烧至六七成热时，将肚条放入油，炸一下捞出，控净油。

3. 锅内留底油烧热时，放入大蒜瓣炒至金黄色，再放入葱丝、姜丝出香，烹入料酒，加入酱油、鲜汤、蚝油、精盐、鸡粉、白糖、胡椒粉调好口味，放入肚条烧至入味，放入红、绿彩椒条，用湿淀粉勾芡淋香油即可出锅。

菜肴特点 色泽红褐泛黄，质地柔韧适口，口味蒜香咸鲜。

技术关键

1. 要用热油煸炒大蒜，使其挥发香气。

2. 肚条要烧至片刻，使蒜香味融入其中。

营养价值

每 100g 鹿肚中含蛋白质 12.2g、脂肪 3.4g、钠 66mg、磷133mg、钾 101mg。此菜品有消食开胃的作用，可缓解消化不良、食欲不振、肠胃不适等症，也有补虚损、健脾胃的功效，可帮助消化、增进食欲，适用于气血虚损、身体瘦弱者食用。

主料 鹿肾1个。

辅料 大米、枸杞干、干百合、菜心。

调料 精盐、鸡粉、料酒、葱末、姜末。

制作过程

1. 将鹿肾片切开去掉腰臊筋，分切成小丁，用清水漂净血水，用加入料酒的开水焯熟投凉。

2. 枸杞、干百合分别用水泡开，菜心切碎丁。

3. 锅内加水煮开，将大米淘洗干净放入锅内，加入百合、姜末，小火熬成黏稠的粥。

4. 将熬好的粥内加入精盐、鸡粉、葱末调好口味，加入菜心丁、鹿肾丁、枸杞煮开即可。

菜肴特点 软糯清香，鹿肾鲜嫩。

技术关键

1. 鹿肾要初步加工去净腥臊味，焯水成熟即可。

2. 煮粥时，要小火慢煮，米香溢出黏稠。

营养价值

每100g鹿肾中含蛋白质16.6g、脂肪2.8g、维生素A 126mg、烟酸8.4mg、钠193mg、磷233mg、钾115mg。此菜品补肾壮阳，生精补髓，适用于肾虚耳鸣、耳聋、阳痿、遗精、妇女宫寒不孕、腰膝酸软、头目眩晕等人群食用。

四十一 烧炒梅花鹿肾

主料 鹿肾 300g。

辅料 红、绿彩椒。

调料 精盐、鸡粉、酱油、蚝油、料酒、白糖、鲜汤、葱花、姜末、蒜末、湿淀粉、油。

制作过程

1. 把鹿肾从中间片切两片，片去腰臊，改刀成麦穗花刀的条，用湿淀粉上浆；彩椒改成长条段。

2. 炒锅内放入油，烧至五成热时，将腰花放入油内滑熟，倒出控净油。

3. 炒锅内留底油烧热，用葱花、姜末、蒜末炝锅，放入红、绿彩椒条，烹入料酒，加入酱油、鲜汤、精盐、蚝油、白糖调好口味，倒入腰花用湿淀粉勾芡淋明油即可。

菜肴特点 色泽红润，腰花脆嫩，口味咸香。

技术关键

1. 腰花剞的刀口要深浅一致，深而不透，卷曲成麦穗状。

2. 掌握好滑油的温度和成熟度；掌握好芡汁的量，要汁少芡薄。

营养价值

每100g鹿肾中含蛋白质16.6g、糖类1.0g、脂肪2.8g、维生素A 126mg、钠193mg、磷233mg、钾115mg。此菜品味咸、性温、入肾经，有补肾气、益精的功效，可治肾阳虚衰、髓海不足、头晕头昏、眼花耳鸣、腰膝酸软、阳痿早泄、遗精滑精和舌淡脉弱等症。

四十二 尖椒炒梅花鹿肺

主料 鹿肺 300g。

辅料 尖椒。

调料 精盐、鸡粉、酱油、蚝油、料酒、白糖、葱丝、姜丝、蒜末、湿淀粉、油。

制作过程

1. 将鹿肺灌水冲洗干净改成丝，用湿淀粉上浆；将尖椒改成丝。

2. 炒锅内放入油，烧至五成热时，放入鹿肺丝，滑散成熟倒出控净油。

3. 炒锅内留底油烧热，用葱丝、姜丝、蒜末、尖椒丝焐锅，加入鹿肺丝翻炒，烹入料酒，边翻炒边加入酱油、精盐、蚝油、鸡粉，翻炒均匀即可。

菜肴特点 色泽红润，质地脆嫩，咸香适口。

技术关键

1. 刀工要均匀，鹿肺丝要切得略粗。

2. 掌握好滑油时的油温和成熟度。

营养价值

每 100g 鹿肺中含蛋白质 16.5g、维生素 A 12mg、烟酸 3.4mg、钠 155mg、磷 269mg、钾 197mg、镁 14mg、锌 2.67mg、钙 8mg，具有补虚损、健脾胃的功效，适用于气血虚损、身体瘦弱者食用。

四十三 ┃ 三鲜烩梅花鹿骨髓

主料 鹿骨髓 150g。

辅料 鸡胸肉、黄玉参、虾仁、油菜、胡萝卜。

调料 精盐、鸡粉、料酒、胡椒粉、鲜汤、湿淀粉、蛋清、香油、葱末、姜末。

制作过程

1.将鹿骨髓用水煮熟斜切成片，鸡胸肉坡刀切成小片，黄玉参坡刀切成片，虾仁片刀切成片，油菜、胡萝卜切成小菱形片。

2.将鸡胸肉、虾仁用蛋清和湿淀粉上浆；炒锅内放入水烧至快开时，放入鸡胸肉、虾仁、黄玉参、焯水，加热使之成熟。

3.炒锅内放入少许油烧热，用葱末、姜末炝锅，烹入料酒，加入鲜汤，放入精盐、鸡粉、胡椒粉调好口味，放入骨髓、鸡胸肉、虾仁、黄玉参、油菜片、胡萝卜片烧开，用湿淀粉勾米汤芡淋少许香油，装入汤盘即可。

菜肴特点 汤色洁白，原料软嫩，鲜咸适口。

技术关键

1.骨髓煮制时，要温水下锅，慢火煮至将熟即可。

2.各种原料改刀要薄厚均匀。

营养价值

每100g鹿骨髓中含蛋白质6.7g、脂肪84.4g、维生素B_1 0.04mg、维生素B_2 0.21mg、烟酸0.2mg、磷107mg、铁4.5mg。此菜品可大补气血、养肝明目、健脾开胃，能够促进产后康复，对于平素肝血不足，视力较差者则更为适宜。

四十四 │ 火爆梅花鹿肚

主料 熟鹿肚。

辅料 尖辣椒。

调料 精盐、味精、白糖、酱油、蚝油、料酒、麻辣油、湿淀粉、油、葱丝、姜丝、蒜末、干辣椒丝。

制作过程

1. 将熟鹿肚切成丝，尖辣椒切成丝；碗内加鲜汤、精盐、味精、白糖、酱油、蚝油、料酒、湿淀粉兑成汁。

2. 炒锅内放入油，烧至七成热时，倒入鹿肚炸一下，倒出控净油。

3. 炒锅内留底油烧热，用葱丝、姜丝、蒜末、干辣椒丝炝锅，倒入鹿肚淋入兑好的芡汁大火翻炒，淋入麻辣油翻炒均匀即可。

菜肴特点 色泽红润，麻辣咸香浓郁。

技术关键

1. 鹿肚丝改刀要略粗，长短粗细要均匀。

2. 要用大火翻炒，动作要快，保证香味完全出来且不焦煳。

营养价值

鹿肚性平味甘。每100g鹿肚中含蛋白质12.2g、糖类1.8g、脂肪3.4g、胆固醇124mg、维生素A 23mg、钠66mg、磷133mg、钾101mg、镁16mg。此菜品健脾开胃，养血益气。

四十五 ┃ 清蒸梅花鹿尾

主料 鲜鹿尾 3 个。

辅料 人参片、冬笋片、熟火腿片、口蘑片。

调料 精盐、鸡粉、白糖、料酒、鲜汤、葱块、姜块。

制作过程

1. 将鹿尾拔净毛，刮洗干净，焯透水投凉。

2. 将锅内放入鲜汤、鹿尾、葱块、姜块、精盐、料酒煮至八分熟，捞出切成两半。

3. 将鹿尾放入蒸碗内，加入鲜汤、精盐、鸡粉、料酒、白糖、葱块、姜块调好口味，加入人参片、冬笋片、熟火腿片、口蘑片上，屉蒸至鹿尾软烂，取出拣去葱块、姜块即可。

菜肴特点 汤清味鲜，鹿尾软烂鲜香，营养丰富。

技术关键

1. 在鹿尾初步加工和煮制的过程中，要去净血沫、腥膻气味。

2. 蒸制时间要足，使辅料滋味融入鹿尾、增鲜味、去异味。

营养价值

每 100g 鹿尾中含蛋白质 17g、脂肪 35.8g、饱和脂肪酸 12.4g、胆固醇 129mg、钠 25mg、磷 47mg、钾 157mg，用于煲汤四季都能喝，是优良的健壮全身保健产品。此菜品对壮腰益肾、滋阴养血、提高精力、缓解疲劳、促进血液循环有明显的功效，可治疗贫血、血液失衡、慢性肾脏病、风湿病、男人女人腰痛、阳痿等症。

CHAPTER

第三章 人工养殖鹿产业概况

一 ┃ 中国人工养殖鹿的简史

　　鹿是兼药用、肉用、皮用、观赏用和狩猎用的草食性动物。我国是鹿类资源最为丰富的国家，据调查，世界现存鹿类 44 种，在中国就有 18 种，占世界鹿类总数的 43%。中国是世界上人工养殖鹿最早的国家，真正以经济目的饲养鹿始

于清代。根据历史资料考查，清代雍正十一年（1733 年）吉林省就已开始人工养殖鹿。最初是在吉林省龙潭山附近养着极少量从野外捕捉的鹿，以供观赏。后来，有的鹿被移到缸窑沟一带正式饲养。

吉林省东丰县小四平一带也是人工养殖鹿发源地之一。从前，自山城镇以西到东丰县一带均为清代皇帝的围场。在这里栖息着大量、各种各样的鸟和兽，鹿是当时主要的射猎对象。统治者为了享受奢侈豪华的生活，强令猎户每年进贡一定数量的鹿尾和活鹿。这样，鹿就养了起来。养鹿，开始仅为了获得鹿茸，后来也为了繁殖后代。因此，人工养殖鹿的历史就是从野外猎捕利用到人工驯养的历史。

二 国内外人工养殖鹿产业的现状

现代人工养殖鹿是一项稳定、长效、高效的产业。各国都利用本国的优良原种鹿资源进行系统培育、改良鹿品种，实施鹿产业区域发展。目前，人工养殖鹿产业发展较快的国家有新西兰、俄罗斯、加拿大、中国、美国和澳大利亚等国家。世界上饲养的鹿主要有梅花鹿、马鹿、赤鹿和白唇鹿等的品种（系），饲养量达 500 万~ 800 万只，饲养方式有放养、圈养或放养与圈养结合等，年产鹿茸 30 万~ 35 万 kg、鹿肉 1735 万~ 2060 万 kg。

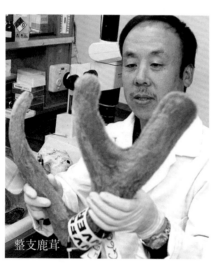

整支鹿茸

切成片的鹿茸

我国人工养殖鹿的历史悠久，鹿资源十分丰富。据调查，我国有梅花鹿、水鹿、白唇鹿、马鹿、坡鹿、麋鹿、驼鹿、驯鹿、黑麂、獐（河麂）、毛冠鹿、赤鹿、斑鹿和狍等5亚科9属15种。中华人民共和国成立以来，经过科技工作者的不断努力，人工养殖鹿产业不论是存栏数量还是鹿的品种、生产能力都取得了进展。全国饲养量为50万~70万只，年产鹿茸约10万kg。其中，梅花鹿30万~40万头、马鹿10万~20万头、水鹿5万余头、各种杂交鹿万余头。茸鹿以东北梅花鹿、天山马鹿和塔里木马鹿的品质较佳，著称于国内外。近20年来，人工育成了具有国际先进水平的8个梅花鹿、马鹿的品种和品系。

鹿茸是传统的珍贵中药材，与人参齐名。鹿肉营养丰富，含蛋白质17%、脂肪6.77%，胆固醇含量比牛肉低30.88%。梅花鹿屠宰率高达64.1%，马鹿的屠宰率为59.1%。新西兰、澳大利亚、俄罗斯和加拿大都已育成区域性的肉用和肉茸兼用型鹿种。新西兰鹿肉年产量为1700万~2000万kg，俄罗斯年产鹿肉300万~500万kg。

我国梅花鹿的人工繁育基地主要分布在吉林省，占全国的70%；马鹿主要在新疆维吾尔自治区，占全国的35%；杂种鹿主要在东北、华北和新疆维吾尔自治区，占全国的80%以上。我国的梅花鹿之乡——吉林省长春市双阳区人工养殖梅花鹿8万~10万头。我国最大的梅花鹿养殖场为吉林省尊鹿鹿场，存栏为4000余头；最大的马鹿养殖场为新疆生产建设兵团农二师养鹿场，饲养塔里木马鹿近2000头。

CHAPTER

第四章　鹿种简介

世界鹿科动物记录有 17 属 44 种，中国有 10 属 18 种。中国各地驯养的、作为药用的鹿有 4 属 8 种。这 8 种药用鹿在脊椎动物分类学中属于哺乳纲（Mammalia）真兽亚纲（Eutheria）、偶蹄目（Artiodactyla）反刍亚目（Ruminaantia）、鹿科（Cervidae）、鹿亚科（Cervinae）鹿属（Cervus）的梅花鹿、马鹿、白唇鹿、坡鹿、水鹿和麋属（Ellaphurus）的麋鹿，还有白尾鹿（美洲鹿、空齿鹿）亚科（Odocoileinae）驼鹿属（Alces）的驼鹿和驯鹿属（Rangifer）的驯鹿。

一 梅花鹿
(*Cervus nippon*)

别名 花鹿、哈（藏语译音）。

形态 体形大，体重 120 ~ 150kg，体长 1.5m 左右，体上的色斑点小而密，近似成行。眶下腺明显。背中线从耳间到尾基部为黑色，臀斑为白色，尾短。四肢细长，跗关节下外侧有褐色的跗腺、主蹄狭尖，悬蹄小。

冬毛为栗棕色，白色斑点不显。鼻面及颊部毛短，毛尖沙黄色，4—5 月间脱去冬毛，换夏毛。夏毛稀疏无绒毛、红棕色、白斑显著。

仅公鹿有角，多在出生后第二年（实际是 1 岁）春季开始生茸角。初生角一般不分枝，以后随年龄增长每年脱角和增加角的分枝，长全时有 4 ~ 5 个枝。眉枝斜向前伸，与主干成一锐角，第二枝距眉枝较远，从主干基部约 55mm 处再次分枝。每年春季 4—5 月间、骨角脱落，长出新茸角、茸毛短、红棕色、茸皮嫩红，即"鹿茸"。茸角在 8—9 月间开始骨化、茸皮脱落，形成骨质角。壮年鹿换角快，体弱鹿则慢。

生态 栖息在针阔叶混交林、山地草原和森林边缘附近，在高山密林中或多岩石的地方较少生活。冬季多见在阳坡、洼地和积雪覆盖较少之处，春秋季在旷野或疏林地觅食，夏季白天在林间休息，晨昏则到水生植物、树叶较丰盛的地方饮水、采食，有时还到高山草原避暑和避蚊蝇。

梅花鹿的活动范围与植被、地形有关，一般为数十千米。栖息地比较固定，在没有受到干扰的情况下，通常不易地，即使受惊外逃，多数不久便返回原地。

梅花鹿以柞树叶子、野草、芽、树皮和苔藓为食，春夏季常在盐碱地舔食含盐较重的泥土。多晨、昏活动，行动轻快、迅速。嗅觉与听觉发达，视觉较弱。对周围的情况很敏感，容易受惊。群栖，但公鹿平时独居，交配期与母鹿合群。对气候变化较敏感，在气压下降、雨雪到来之前，鹿群极为

成年梅花鹿

活跃。在惊慌、惧怕、愤怒时，眶下腺张大，两耳直竖或后伸，臀毛逆立，咬牙跺足，尖叫一声逃遁。

8月末—10月发情交配。公鹿颈部明显增粗，性情粗暴，不时磨角吼叫，行动分散，争偶激烈。妊娠期为229～241天，第二年4—6月产仔，多为1仔，罕有2仔，哺乳期4个多月。幼鹿2—3岁性成熟。

分布 梅花鹿为亚洲东部季风区的一种特产珍贵动物。在中国分布广泛，东北、华北、华东、华南和西南山区都有分布。由于人们的长期滥猎，野生种几乎绝迹，已不呈连续分布。黑龙江省、吉林省、安徽省、四川省、台湾地区尚有野生种（含亚种）。

野生梅花鹿为国家一级保护动物。现在除驯养较早的吉林省、辽宁省和北京市外，其他许多省、市、区亦有人工养殖，发展很快，遍及全国。

在中国境内有6个亚种：

东北亚种（*Cervus nippon hortulorum*，1864年），分布于东北大兴安岭、小兴安岭、长白山区；河北亚种（*Cervus nippon mandarinus*，1871年）曾分布于河北省承德地区的兴隆县，现已绝迹；山西亚种（*Cervus nippon grassianus*，1885年）曾分布于山西省北部忻县地区的静乐县一带，据埃勒曼（Ellerma）和莫里森 - 斯科得（Morrison-Scktt，1951年）的报道，在20世纪50年代初就绝迹了；华南亚种（*Cervus nippon kopschi*，1841年）分布于广西壮族自治区南宁市的龙州县，广东省的粤北山区，江西省彭泽县，浙江省舟山地区。金华地区的金华东区，江苏省太湖地区、镇江地区的镇江县、南京市；安徽省芜湖地区的南陵县和泾县，徽州地区的旌德县、绩溪县、歙县、祁门县、黟县、太平县，池州地区的石台县、青阳县和贵池区。

台湾亚种（*Cerus nippon taiouanus*，1860 年）分布于中国台湾最南端的屏东。

四川亚种（*Cerus nippon sichuaicus*，1978 年）分布于四川省阿坝藏族自治州若尔盖县的铁布沟、红原县。

梅花鹿在国家自然保护区所属的吉林省长白山自然保护区、浙江省清凉峰自然保护区、福建省梅花山自然保护区栖息着，并受国家重点保护。

二 | 马 鹿
(*Cervus elaphus*)

别名 八叉鹿、鹿子、红鹿、黄臀赤鹿、夏瓦（藏语译音）。

形态 大型鹿，体重 220kg 左右，体长可达 2m。耳长而尖，呈圆锥形，耳缘微曲。颈长约占体长的 1/3，颈下被毛较长。四肢长，尾短。

冬毛灰褐色。嘴、下颌深棕色，额部棕黑色。耳外毛黄褐色，耳内毛白色。颈部与体背面稍带黄褐色，有一黑棕色的背线。体侧、腹毛淡，呈灰棕色。四肢外侧毛呈棕色，内侧较浅、臀部有黄褐色斑。尾黄赭色。夏毛短，无绒毛，呈赤褐色。

公鹿有角，眉枝斜向前伸，与主干几乎成直角。主干长稍向后倾斜，并略向内弯。第二枝起点靠眉枝，第二枝与第三枝距离较远。角面除尖端光滑外，其他部位粗糙。角基有一小圈瘤状突。

生态 栖息于针、阔叶混交林，高山的森林草原。冬季常在温暖向阳的阳坡或半阳坡地段，坡度小于 10° 的山坡，云杉成林，杨、桦杂木幼林，人工杨树幼林，雪深 25cm、离人为干扰 1000m 以外的地方活动；春季到丘陵的南坡或山林凹地处生活。白天活动，天亮前后活动更为频繁。群栖，3～5只成群活动。但公鹿平时独居，只在交配期才与母鹿在一起。性机警，善奔跑，听觉、嗅觉灵敏，视觉稍钝。每年4—5月脱去冬毛换夏毛，约1个月脱换完毕。冬毛9月长出，毛被在12月最厚密。3—4月旧角脱落，随即长出新茸角，9月以后茸角骨化，茸皮脱落。以青草、桦、柞、柳等的嫩芽、嫩枝为食，夏季常到盐碱地舔食盐碱土。

　　5岁性成熟，交配期为9—10月。在交配期，公鹿间争斗剧烈。妊娠期为235（225～262）天，第二年5—6月产仔，胎产1～2仔。公幼鹿第二年开始生茸角，但不分枝，第三年角开始分枝。

马鹿

天敌有虎、猞猁、黑熊和狼。

分布 马鹿为北方亚寒带针叶林地带南部森林草原的代表兽类，广泛分布于北半球。在中国的东北、华北、西南以及新疆维吾尔自治区和青藏高原东部均有分布。

野生马鹿为国家二级保护动物，在吉林省、黑龙江省、辽宁省、内蒙古自治区、甘肃省、青海省、新疆维吾尔自治区等地驯养。

中国境内有7个亚种：

东北亚种（*Cervus elaphus xanthopygus*，1867年），分布于吉林省、黑龙江省及内蒙古自治区。

甘肃亚种（*Cervus elaphus kansuensis*，1912年），分布于甘肃省南部、西藏自治区昌都地区、内蒙古自治区、宁夏回族自治区、青海省和四川省北部。

西藏亚种（*Cervus elaphus wallichi*，1812年），分布于西藏自治区东南部山南地区、拉萨市的米林县和墨脱县交界处。

昌都亚种（*Cervus elaphus macneilli*，1909年），分布于西藏自治区东部和四川省西部交界一带、云南省。

塔里木亚种（*Cervus elaphus yarkandensis*，1892年），分布于新疆维吾尔自治区喀什地区的巴楚县，天山一带，罗布泊地区，塔里木河，孔雀河流域及博斯腾湖畔，阿克苏地区的库车市，巴音郭楞蒙古自治州的尉犁市、且末县和焉耆回族自治县。库尔勒及塔里木河沿岸农场，新疆生产建设兵团在进行驯养。

阿尔泰亚种（*Cervus elaphus sibricus*，1873 年）。分布于新疆维吾尔自治区伊犁哈萨克自治州的阿勒泰地区北部山地，从西部哈巴河县到东部青河县的广大阿勒泰山地，以布尔津县为多。

天山亚种（*Cervus elaphus songaricus*，1878 年），分布于新疆维吾尔自治区伊犁哈萨克自治州的昭苏县，特克斯县，巴音郭楞蒙古自治州的库尔勒市、和静县、和硕县、尉犁县、轮台县，阿克苏地区的阿克苏市，喀什地区的巴楚县。

马鹿在国家自然保护区的黑龙江省凉水自然保护区、牡丹峰自然保护区、东北黑蜂自然保护区，四川省辖曼自然保护区，内蒙古自治区赛罕乌拉自然保护区，宁夏回族自治区白音敖包自然保护区，新疆维吾尔自治区博格达峰自然保护区、塔里木胡杨林自然保护区栖息着，并受国家重点保护。

三 水 鹿

(*Cervus unicolor*)

别名 黑鹿、春鹿、水牛鹿、山牛、山马、哈那（藏语译音）、彩（彝语译音）。

形态 体形粗壮，公鹿体重为200~300kg，肩高不低于1.3m，体长1.3~2.6m。颈长，长有长而蓬松的鬃毛。尾长，密生长而蓬松的毛，显得尾粗大。无白色臀斑。

体毛粟棕色，唇周棕褐色，嘴角后方、颏部苍白而略显黄色，唇后至额深棕色，眼下及颊部逐渐转为淡黄褐色，耳背深栗棕色，耳壳内面与边缘白色或淡黄色，从耳间开始直至尾上部，有1条宽窄不等的深棕色显黑的背纹。体两侧栗棕色，背脊色稍深。鼠蹊、腋下与尾下白色或浅黄色。四肢上部栗棕色，膝关节与肘关节以下为白色或近于淡黄色。

公鹿具角，角形简单，主干只有1次分枝，全角共3枝，眉枝短，尖向上，与主干成锐角，角基部有一圈骨质的小瘤状突，即角座，习称"磨盘"或"珍珠盘"，脱角时即从此脱落。第二年初春脱角，然后生长新茸角，秋季茸角脱皮骨化。

生态 多在海拔1400~3500m的阔叶林、季雨林或针叶林活动，以针、阔叶混交林，林缘草原及高山草地等生境为主要栖息地。白天喜在树林或隐蔽处休息，多于晨、昏活动。

水鹿

性喜水，雨后活动更为频繁，常至溪涧饮水或沐浴，即使在冬季，也经常流连于水塘或浅水处。以青草、树皮、嫩叶、嫩枝和箭竹的叶及竹笋等为主食，也食林缘耕地的农作物，如青稞、麦苗、芜菁叶、山麻柳、柳的树皮和枝叶，尤喜食甘蔗。还有嗜盐的习性。群栖，但长茸期成年公鹿多独居。

公鹿2岁前后开始长角，角枝随着年龄的增长而增加。第一次脱角后，长新茸角时增加1枝，4~5岁角长全成3枝。脱角多为春季，旧角脱落后长出的新茸角即鹿茸，茸期约2个月。秋季茸角脱皮骨化，为鹿角。

全年发情，但以秋季为多，发情期20天左右。妊娠期为250~270天，产仔多在4—5月，胎产1~2仔。

分布 水鹿为热带和亚热带林区重要的药用兽类，数量较多，产品价值也高。分布于青海省、四川省、云南省、广西壮族自治区、湖南省、江西省、福建省及台湾地区。

野生水鹿为国家二级保护动物。云南省保山地区的腾冲市、德宏傣族景颇族自治州的盈江县有驯养。据林书海（2009）报道，海南省水鹿现存量约781头。其中，海南省驯养母鹿存栏144头，公鹿78头，野生水鹿存栏约559头。

在中国境内有5个亚种：

四川亚种（*Cervus unicolor dejeani*，1896年），分布于四川省西部山区，凉山彝族自治州的马边彝族自治县，雅安地区的天全县、芦山县、宝山县，西昌地区的西昌市；甘孜藏族自治州的甘孜县、理塘县，阿坝藏族自治州的黑水县、汶川县、理县，阿坝藏族羌族金川县，青海省，广东省，湖南省，江西省。

云南亚种（*Cervus unicolor cambojensis*，1861年）分布于云南省、广西壮族自治区。

海南亚种（*Cervus unicolor hainana*，1980年），分布于海南省。

台湾亚种（*Cervus unicolor swinhoe*，1862年），分布于台湾地区。

东方亚种（*Cervus unicolor equinus*，1823年），分布于云南省、四川省、海南省。

水鹿在国家自然保护区所属的湖南省八大公山自然保护区，广东省车八岭自然保护区，四川省黄龙寺自然保护区，云南省西双版纳自然保护区栖息着，并受国家重点保护。

四 | 白唇鹿

（*Cervus albirostris*）

别名 岩鹿、黄鹿、青鹿、白鼻鹿、扁角鹿、黄臀鹿、夏瓦曲呷（藏语译音）。

形态 大型鹿，体重为 230 ~ 300kg，体长可达 2.1m，肩高 1.25 ~ 1.30m。颈长，毛短（10 ~ 13cm），臀部有淡黄色块斑。头略呈等腰三角形，额部宽平。耳长而尖，长度可达头长之半。眶下腺明显。鼻前、唇的裸区较小。全身被毛呈黄褐或暗褐色，唇端、颊后、喉部呈纯白色，故称白唇鹿。耳背灰褐色，耳郭内侧面为白色，外缘中下部有一条长 6 ~ 8cm、宽 2 ~ 3cm 的黑毛带。体毛的颜色，因部位和季节不同而异，颈背、体躯两侧和四肢外侧呈暗褐或深褐色，头顶、腹部、尾及四肢内侧的毛呈淡黄色。夏季色浅呈黄褐色、冬季色深呈暗褐色。由于夏毛近于黄褐色，腹部浅黄色，故又称它为"黄鹿"。体毛基部灰白，中级和毛尖暗褐，近毛尖有一淡栗色的端次环，以致从整体看，全身几乎布满了淡栗色的细小斑点，因而又称它为"红鹿"。成年鹿每年 6—8 月换毛 1 次。

成年公鹿在每年 3 月下旬至 5 月脱掉骨质角，长出新茸角，茸毛灰褐色。7—8 月茸角的各分枝尖端圆大，质地好。

9月茸角开始骨化。骨化的角形高大，有 5 ~ 6 个分枝，最多达 8 ~ 9 枝，长度可达 1.3 ~ 1.4m，角间最宽处达 1m。除主干的下基部呈圆形外，其余均呈扁圆状，尤其是角的分叉处，更显宽扁。眉枝离角基近，但与第二枝的距离相隔甚远。第三枝角最长，其后的主干再分 4 ~ 5 枝。角呈污白色。

生态 栖息在海拔 3500 ~ 4300m 的高原山地上，于 3800 ~ 5000m 的亚寒草甸灌丛中。每年随着季节的变化，有垂直迁移的现象。冬季最冷时，常活动于向阳、野生植物丰富的地方。3—4 月下山撵食复生嫩草，以后逐渐上移。夏季

白唇鹿

多到人迹稀少的高山顶部、灌木丛中或耐寒的垫状植物一带活动。喜水浴、沙浴。

一般情况下，它们比较固定地徘徊于一座水生植物和灌木丰盛的大山周围。但是由于食物、水源或捕猎等，有时也作长达 100~200km 的长距离迁移。

喜营集群生活、集群中以母鹿和幼鹿较多，活动时多由公鹿率领，中间夹着母鹿和幼鹿，最后由强壮的公、母鹿殿后。视觉、听觉和嗅觉锐敏，胆怯易惊，善游泳。食物以禾本科、菊科、莎草科、蓼科、豆科、蔷薇科、虎耳草科等植物为主，也啃食灌木的嫩枝、幼芽、叶或树皮。有嗜盐的习性，尤其在春季和夏季，舔食盐碱土或饮"盐水"。母鹿1岁半时性成熟，公鹿2岁半参与繁殖。9—11月发情交配，发情盛期约7天，妊娠期为 225~255 天。第二年5—6月产仔，6月中旬为产仔旺期，胎产1仔。初生仔鹿体具斑点，当年10月夏毛脱换后，斑点消失。公幼鹿第二年长出茸角，但不分枝。3岁时，茸角开始分枝。以后分枝的多少视体况和鹿龄而定。

分布 白唇鹿是分布于海拔最高地域的一种高寒珍稀、特产兽类，亦为中国的特有种。见于西藏自治区、四川省、青海省、甘肃省及云南省西北部。西藏自治区昌都地区，四川省的川西北高原、甘孜藏族自治州，青海省玉树藏族自治州、海南藏族自治州、海北藏族自治州，甘肃省甘南藏族自治州。

　　野生白唇鹿为国家一级保护动物。中国白唇鹿驯养业开始于 1958 年四川省甘孜藏族自治州的德格县和巴塘县。青海省玉树藏族自治州的治多县、海北藏族自治州的祁连县、西宁市大通回族土族自治县，甘肃省甘南藏族自治州的玛曲县已驯养。中国现建的白唇鹿保护区有 7 个，拟建的有 3 个。

　　白唇鹿在国家自然保护区所属的四川省贡嘎山自然保护区、四姑娘山自然保护区、甘肃省祁连山自然保护区栖息着。

五 | 驯 鹿
（Rangifer tarandus）

别名 假四不像、角鹿。

形态 成年公鹿体长 113～127cm，体重 109～148kg，体高 101～114cm；成年母鹿体长 157.5cm，体重 73～95kg。体色分为灰褐、白花和纯白色。从体色整体看，有"三白三黑"的特点，小腿、腹部及尾内侧均为白色，鼻梁和眼圈为黑色。一年换 2 次毛，夏毛粗而短，长 2～4cm；冬毛色浅，长而厚密。毛纤维直径 90% 为髓部所占有，多含空气，适于御寒。当年生的幼鹿体毛细软，无粗毛。有眶下腺，颈长，喉部垂有 15～20cm 灰白色长毛；肩部稍隆起，背腰和臀部平直，尾短。鼻端及鼻孔着生绒毛，耳短，尖端钝圆，被以密毛。上唇被毛，无鼻镜，主蹄宽大而圆，中央的裂线深，副蹄发达，行走时能触及地面，蹄的上缘生有白色长毛，有蹄腺。公鹿、母鹿均具角。角扁平长大，枝杈不多，但各枝分叉复杂，眉枝向前一方伸展，第二枝距眉枝较近向前伸出，其余分枝均向后，各枝再分数杈，顶端呈掌状。角干离第二枝一段距离后转折向前，其末端亦呈掌状。左右角的枝杈通常不对称。在 3—4 月脱落骨质角，随后生长新茸。

驯鹿

生态 栖息在海拔 1000m 以上的亚寒带针叶林中，主要树种有落叶松、偃松、白桦，低山主要有杜鹃、越橘、细叶杜香、宽叶杜香等灌木，山地阳坡多菊科、禾本科植物，河谷两岸多生杨、柳、桦丛。

驯鹿为半野生兽类，食性广，以地衣、嫩树枝条、草类为食。性温顺，故名。有迁移性、群栖性、善游泳。听觉差，嗅觉、视觉发达。配种盛期为 9 月中旬至 10 月中旬。发情周期平均 12 天，发情持续时间为 12～36 h。妊娠期为 225～240 天，4 月下旬至 5 月中旬为产仔旺季。胎产 1 仔，偶有 2 仔。仔鹿体侧无斑点。仔鹿出生后，4 h 左右即能随母鹿行走。哺乳期 5 ~ 6 个月。

分布 驯鹿分布于大兴安岭西北部，活动范围为东经 120°05' ~ 123°35'，北纬 51°15' ~ 53°15'。活动在内蒙古自治区根河市、额尔古纳市北奇干、黑龙江省呼玛县。

驯鹿为国家二级保护动物。中国大兴安岭的驯鹿为东北亚种（*Rangifer tarandus phylarchus*）。

六 坡 鹿

(*Cervus eldi*)

别名 海南坡鹿、泽鹿、眉角鹿。

形态 体形似梅花鹿，但躯体稍小。公鹿体重 60～80kg，大者可达 100kg，体长 1.59m，肩高 1.5m。母鹿体重约 50kg，最大可达 75kg，背鬐不明显。四肢细长，体态矫健。主蹄狭窄而尖，悬蹄小。

体毛黄褐色，背脊自颈至臀部有一条黑褐色纵带纹，带纹两侧以及臀部点缀着白色花形斑点。公鹿比母鹿的颜色深，特别是在发情交配季节，躯体的颜色更浓。秋末、冬初全身长出较密的冬毛，白色斑点褪出，几乎消失。第二年夏季，斑点逐渐显现，尾背面栗褐色，腹面白色。

公鹿具角。主干分枝，弯曲向前与眉枝几成弯弓形。角尖端尖细，多在 6—8 月脱角，随后生茸，11 月下旬茸皮开始萎缩脱落，逐渐骨化，至第二年夏季又脱落。

生态 主要栖息于 200m 以下的低丘和滨海丘陵台地的灌木丛或林稀草原地区，多在灌木丛林缘草坡活动。栖息场所相对稳定，即使受惊逃离，不久仍返回原地。性喜群栖，公鹿长茸期间多单独行动。在晨、昏觅食或久晴的雨后活动频繁。警觉性高，一旦发现敌害，立即疾驰狂奔。食多种青草

坡鹿

和嫩枝叶，尤喜食沼泽边的水生植物，也嗜舔食盐碱土或火烧迹地的草木灰和青绿嫩草。

发情期在1—6月，高峰期出现在4月。妊娠期220~230天，产仔高峰期在11月，仔鹿1.5~2.0岁性成熟。公鹿7个月龄开始长出角基，随后逐渐长出锥角。

分布 坡鹿是中国热带地区稀有珍贵鹿种，见于海南省西部和西南部丘陵地带。如海南省的白沙黎族自治县、东方黎族自治县、乐东黎族自治县、琼中黎族苗族自治县、昌江黎族自治县。另外，万宁市、儋州市和屯昌县也有分布。

野生坡鹿为国家一级保护动物。在南方养鹿业中，坡鹿是改良和培育新品种的理想鹿种。目前，已在海南省的屯昌县等地驯养。

在中国境内有一个亚种：海南亚种（*Cervus eldi hainanus*，1918年）习称"海南坡鹿"；分布于海南省东方市大田国家级自然保护区及其周围。在中国自然保护区所属的海南省大田坡鹿自然保护区，现有600余头坡鹿栖息着，并受国家重点保护。

七｜驼　鹿

(*Alces alces*)

别名　犴、堪达罕。

形态　体长 2.2 ~ 2.6m，体重 450 ~ 500kg，肩高 1.54 ~ 1.77m。头大而长，颈短，躯体粗壮，四肢长，唇部突出，上唇肥大，盖住下唇。鼻长大，形如驼。鼻面被毛，仅在鼻孔间有一块三角形的裸露部分。眼大突出，周围包有眉环。耳大呈卵圆形。喉部有由皮肤衍生物构成的梨状悬垂体，上被有髯须状的长毛。背部具鬃毛。肩部隆突，形似驼峰，背平直，臀部倾斜，故肩部比臀部高。尾长 10 ~ 11cm。主蹄大，悬蹄长，行走时悬蹄触及地面。全身黑棕色，鬃毛深棕色。唇部和前额赭褐色。耳背灰褐色，两侧淡黄色。腹部毛色较黑。四肢外侧棕黑色，内侧暗沙黄色。夏毛较淡，呈灰棕色。幼鹿被毛浅黄棕色，不具斑点。

公鹿角主干基部从额骨后外侧向侧方伸出，侧扁成掌状。

生态　栖息于亚寒带多湖沼的森林地区，针、阔叶混交林且阔叶林较多的地方，在大森林有水源处活动。冬季常在荫蔽的山谷，夏季多在山沟、河谷的密林中。晨、昏活动，除生殖季节外，母、公鹿分居，母鹿和幼鹿全成小群，但母鹿有时也有单独活动。听觉敏锐，嗅觉较差。以桦、杨、柳、

驼鹿

榆的嫩枝、嫩芽、叶及树皮为食。春、夏季多到盐碱地舔食碱土。

驼鹿 2～3 岁性成熟。8 月下旬开始发情，追逐旺季在 9 月中旬，结束于 10 月初。发情期，公鹿争母激烈，不断殴斗，性情凶猛，有似牛发出的"哞、哞"声。公鹿叫声高，母鹿叫声低。发情期食欲减退，经常饮水。母鹿比公鹿发情晚半个月左右。此期，公鹿兴奋，毛被蓬松，角膜充血，经常用角顶撞树木，以至于树皮被擦掉，在树干上留有坑痕。母鹿妊娠期 225～240 天，5—6 月上旬产仔，胎产 1～2 仔，哺乳期 3 个半月左右。

分布 驼鹿为中国东北大兴安岭、小兴安岭及阿尔山部分地区的特有兽类。以大兴安岭北部数量较多，如黑龙江省伊春地区的伊春市、大兴安岭地区的呼玛县，内蒙古自治区呼伦贝尔市的根河市、鄂伦春族自治旗。驼鹿为国家二级保护动物。

中国驼鹿有 1 个亚种：敖鲁古雅驯鹿（*Alces alces meloides*）；分布于内蒙古自治区根河市、额尔古纳右旗、鄂温克族自治旗，黑龙江省呼玛县、漠河市、绥棱县、逊克县。驼鹿在国家自然保护区所属的黑龙江省呼中国家级自然保护区、内蒙古自治区汗马国家级自然保护区栖息着，并受国家重点保护。

八 麋 鹿

（*Elaphurus davidianus*）

别名 四不像。

形态 体长约 2m，肩高 1m 左右。公鹿体重可达 200kg，母鹿体重约 100kg。颈似骆驼非骆驼，尾似驴非驴、蹄似牛非牛、角似鹿非鹿，故名"四不像"。头大、唇部狭长，鼻端裸露部分比鹿属的种类宽大，边缘呈深凹状。眼小，眶下腺显著，在眼前凹下，成年公鹿颈下有长毛，尾长，生有丛毛，其末端超过跗关节。公鹿的尾长可达 75cm，母鹿的尾短一些；约 60cm。四肢长而细弱，主蹄宽大，能分开，悬蹄发达能着地，行走时"达、达"有声。

冬毛长，密生绒毛，毛色灰棕。唇部的鼻孔上方有一白色斜纹，耳壳内为白色，额及枕部为沙黄色，眼周的不明显环与眶下腺的边缘呈淡黄色，颜面部为褐色。颈下长毛呈黑褐色；颈旁、体背和体侧具有毛基，为褐色，毛尖为淡黄色；臀部与鼠蹊部为黄白色；尾除末端丛毛为黑褐色外，其余部分与体背颜色一致；四肢外侧上部与背部颜色相似，内侧与下部为黄白色，腹部为黄白色。夏毛比冬毛短，毛被稀疏，呈红棕色，夹杂有灰。幼鹿毛为红褐色，杂有黄色，体具白色斑点。

声　明

2012年1月10日，卫生部颁布了《卫生部关于养殖梅花鹿副产品作为普通食品有关问题的批复》，指出"除鹿茸、鹿角、鹿胎、鹿骨外，养殖梅花鹿其他副产品可作为普通食品"。

《国家食品药品监督管理总局关于养殖梅花鹿及其产品作为保健食品原料有关规定的通知》中指出，"在符合国家主管部门野生动物保护相关政策和规定情况下，允许梅花鹿及其产品作为保健食品原料使用"。

2020年7月1日，由中国国家标准化委员会颁布实施的国家团体标准《分割鹿肉》指出，"分割鹿肉（cut venison）是指以来自备案饲养场梅花鹿、马鹿及花马杂交鹿胴体为原料，经剔骨、按部位分割而成的肉块"。我国鹿肉的销售需要国家或地方工商管理部门发放经营许可证，具有以上资质的商家才能销售原料鹿肉及其产品。

开发利用养殖鹿副产品作为食品应该符合我国野生动物

保护相关法律法规。本书中的食材都是以人工养殖的、来自备案饲养场的梅花鹿、马鹿及花马杂交鹿胴体为原料生产的产品。若有违法销售和食用鹿肉行为，与科学普及出版社和本书作者无关。

　　特此声明。

2022 年 4 月 15 日